ZEITSCHRIFT FÜR ANGEWANDTE GEOLOGIE

HERAUSGEGEBEN VON
DER STAATLICHEN GEOLOGISCHEN KOMMISSION
UND DER ZENTRALEN VORRATSKOMMISSION
DER DEUTSCHEN DEMOKRATISCHEN REPUBLIK

AUS DEM INHALT

AKADEMIE-VERLAG · BERLIN

BAND 7 / HEFT 9
SEPTEMBER 1961
SEITE 441–496

Die ZEITSCHRIFT FÜR ANGEWANDTE GEOLOGIE berichtet ständig über folgende Arbeitsgebiete: Geologische Grundlagenforschung und Lagerstättenforschung / Methodik der geologischen Erkundung / Ökonomie und Planung der geologischen Erkundung / Technik der geologischen Erkundung / Geologie und Lagerstättenkunde im Ausland. In der Zeitschrift können alle strittigen Fragen der praktischen Geologie behandelt werden. Die Autoren übernehmen für ihre Aufsätze die übliche Verantwortung.

ZEITSCHRIFT FÜR ANGEWANDTE GEOLOGIE

KOLLEKTIVE CHEFREDAKTION

Dr. K. KAUTER (Redaktionssekretär)
Dipl.-Berging.-Geol. F. STAMMBERGER
Dr. G. TISCHENDORF
Dipl.-Berging.-Geol. G. ZINDLER

BAND 7 · SEPTEMBER 1961 · HEFT 9

Die petrometallogenetischen Reihen der magmatischen Gesteine und die endogene Erzbildung[1)]

CH. M. ABDULLAJEW

In Erzprovinzen begegnet man selten isolierten Lagerstätten. Zusammensetzung und Typ der Erzmineralisation sind in der Regel auf Grund eines genetischen Zusammenhangs die gleichen. So ergeben sich genetische Reihen, die durch das Alter, die Zusammensetzung und die Bildungsweise der magmatischen Formation bedingt sind.

Jede genetische Reihe der endogenen Lagerstätten entspricht einer petrogenetischen Reihe magmatischer Gesteine. Auch zwischen letzteren sind genetische Zusammenhänge vorhanden, die zu allmählichen Übergängen führen können. Die genetischen Reihen werden daher zweckmäßig petrometallogenetische Reihen genannt.

Der metallogenetische Charakter einzelner Territorien ist durch das Vorhandensein einer oder mehrerer petrometallogenetischer Reihen gekennzeichnet. In einigen Erzgebieten beobachtet man Gesteins- und Lagerstättenreihen verschiedenen Alters. Das führt zu einem komplizierten geologischen Aufbau dieser Gebiete. Das Auftreten der Reihen kann daher außer zur Trennung auch zur Klassifikation der Erzgebiete dienen. Die Frage der petrometallogenetischen Reihen ist eine der wichtigsten der Metallogenie.

Es ist daher notwendig, daß man erstens von der Untersuchung einzelner Lagerstätten zum Studium ihrer genetischen Assoziationen und wechselseitigen Zusammenhänge, d. h. zur Klärung der genetischen Reihen, übergeht. Das ist die Hauptaufgabe der Metallogenie. Zweitens muß man den genetischen Zusammenhang zwischen Lagerstätten und magmatischen Gesteinen und die wichtigsten petrometallogenetischen Reihen herausstellen.

Der Begriff „genetische Reihe" wurde von uns 1950 in die Literatur eingeführt (ABDULLAJEW 1954). Die Gebiete granitoider Intrusionen waren durch zwei genetische Lagerstättenreihen charakterisiert worden. Es handelte sich einmal um die sauren granitoiden Intrusionen, für die hauptsächlich Pegmatit-, Greisen-Erz- und Quarz-Erz-Lagerstätten charakteristisch sind, und zum anderen um die granitoiden Intrusionen von erhöhter Basizität, die mit Skarnerz-, Quarz-Sulfid- und Karbonat- oder Baryt-Sulfid-Lagerstätten verbunden sind.

Wir betonten damals, daß durch eine intensive Untersuchung der basischen, ultrabasischen, alkalischen und anderen Intrusionen spezifische Lagerstättenreihen abgetrennt werden könnten. Es muß erwähnt werden, daß auch andere Bearbeiter eine Erklärung des genetischen Zusammenhanges der Lagerstättentypen mit den magmatischen Bildungen zu geben versuchten.

Die Formen dieses Zusammenhanges nicht nur einzelner Lagerstätten untereinander, sondern auch der Lagersätten mit den Intrusionen stellten zahlreiche Bearbeiter in unterschiedlicher Weise dar:

1. nach dem genetischen Zusammenhang der Lagerstätten einzelner Metalle mit bestimmten magmatischen Gesteinen (A. BUDDINGTON, A. E. FERSMAN);
2. nach den Tiefenbedingungen der Fazies von magmatischen Intrusionen und Erzlagerstätten (P. NIGGLI, M. A. USSOW);
3. nach der altersmäßigen Gliederung von Faltung, Magmatismus und Erzbildung (In allgemeiner Form wurden diese Fragen in den metallogenetischen Arbeiten von DE LONEY, W. LINDGREN, P. NIGGLI und W. A. OBRUTSCHEW behandelt. Detailliertere Untersuchungen zur Abtrennung tektonisch-magmatischer Komplexe und verschiedener magmatischer und erzbildender Etappen enthielten später die Arbeiten von A. W. NIKOLAJEW, J. A. BILIBIN und I. G. MAGAKJAN. Ferner sei besonders auf die Untersuchungen von H. STILLE hingewiesen.);
4. nach petrographischen Formationen und den mit ihnen zusammenhängenden Erzformationen (F. J. LEVINSON-LESSING, J. A. KUSNEZOW und J. A. BILIBIN);
5. nach den Beziehungen postmagmatischer Lagerstätten zu den magmatischen Quellen (Zonentheorie von W. H. EMMONS, Lagerstättenklassifikation unter Einbeziehung dieser Merkmale von P. NIGGLI, H. SCHNEIDERHÖHN u. a.).

Bei der Klassifikation magmatischer und postmagmatischer Lagerstätten wurde auch der Versuch gemacht, den Zusammenhang zwischen verschiedenen Lagerstättentypen widerzuspiegeln (W. LINDGREN, später L. C. GRATON, W. A. OBRUTSCHEW, M. A. USSOW, E. E. SACHAROW u. a.).

Die Frage des Zusammenhanges der Lagerstätten und ihrer Stellung innerhalb der magmatischen Abfolge wird schon lange von den Geologen diskutiert. Im vorliegenden Aufsatz soll der Versuch unternommen werden, die wichtigsten petrometallogenetischen Reihen aufzuzeigen und so einen Beitrag zur Klärung des für die Metallogenie grundlegenden Problems zu liefern.

[1)] Aus: „Sowjetskaja Geologija", Nr. 5, 1960, S. 3–13. (Als Diskussionsbeitrag veröffentlicht.) Übers.: W. BEYER (Übersetzung etwas gekürzt).

Die Erfahrungen beim Studium dieses Problems zeigen, daß der Zusammenhang zwischen Lagerstätten und magmatischen Intrusionen sehr kompliziert und noch ungenügend geklärt ist. Viele geochemische Besonderheiten der im Magma enthaltenen Metalle treten schon in dessen Bildungsperiode hervor und zeigen sich z. T. bis zur Bildung der verschiedenen Lagerstätten. Die Ursachen der Bildung von Lagerstättentypen und paragenetischen Mineralassoziationen sind in den geologischen Bedingungen der Magmenbildung, den Formen des Eindringens der Magmen in die Nebengesteine und in den Bedingungen der postmagmatischen Lösungen und ihres primären physiko-chemischen und geochemischen Charakters zu suchen.

In Anbetracht der Bedeutung der Strukturen der Nebengesteine und anderer Bildungsbedingungen der Lagerstätten ist es vor allem notwendig, die Rolle der magmatischen Abfolge bei der endogenen Erzbildung zu klären. Der genetische Zusammenhang der Erzbildung mit dem Magmatismus und dem postmagmatischen Prozeß muß von den strukturellen Bedingungen der Lokalisierung der Erze getrennt behandelt werden. Die Variabilität der magmatischen und postmagmatischen Erzbildung hängt mit den magmatischen Prozessen zusammen.

Betreffs der Petrogenese ist es notwendig, den Ort und die Ursachen der Differenzierung endogener Erzbildungen zu finden. „Die magmatische Erzbildung (einschließlich der von postmagmatischen Lagerstätten) ist ein Teil der Petrogenese und entsteht zusammen mit ihr unter bestimmten Bedingungen geologischer Vorgänge" (ABDULLAJEW 1954, S. 14). Schon P. NIGGLI schrieb vor dreißig Jahren, daß die Lagerstätten nicht weniger als die eigentlichen Intrusivgesteine eine charakteristische Besonderheit magmatischer Provinzen sind (P. NIGGLI 1933).

Bei der Trennung magmatischer Formationen und ihrer Varietäten muß man als charakteristische Kennzeichen die Arten des Auftretens postmagmatischer und überhaupt lagerstättenbildender Prozesse in Betracht ziehen. Leider muß festgestellt werden, daß die Petrographie diese Kennzeichen fast nicht beachtet und die Lagerstättenkunde sich nur wenig mit dem Studium der magmatischen Prozesse beschäftigt.

Die Hauptursache der petrographischen Vielfalt der magmatischen Gesteine sind nach unserer Auffassung die strukturell-geologischen Bedingungen und ihre Änderung in Zeit und Raum. Folglich müssen diese Änderungen in Betracht gezogen werden. Jede petrometallogenetische Reihe muß sowohl typomorphe Lagerstätten als auch die typischen magmatischen Gesteine umfassen.

Es muß jedoch gesagt werden, daß die Stellung einzelner Lagerstättentypen in dieser oder jener Reihe noch unklar ist. Das betrifft in erster Linie den genetischen Zusammenhang der niedrigthermalen hydrothermalen Lagerstätten mit der magmatischen Abfolge. Es ist zu erwarten, daß durch die Klärung der vielfach noch umstrittenen Genese dieser Lagerstättengruppen und ihrer Beziehungen zum Magmatismus diese Diskrepanzen beseitigt werden.

Es erheben sich auch andere Fragen. Wird man Lagerstätten antreffen, die mit zwei magmatischen Formationen zusammenhängen und deren eine zu einer anderen petrometallogenetischen Reihe gehört? Diese Frage ist in Anbetracht des fast universellen Charakters der hydrothermalen Prozesse zu bejahen. Die Entstehung der Mehrzahl der magmatischen Formationen wird von hydrothermalen Vorgängen begleitet. Zu den hydrothermalen Lagerstätten gehören auch die mit umstrittener Genese.

Deshalb ist es notwendig, typomorphe Lagerstätten für jede Reihe zu finden. Die einzelnen Typen von Lagerstätten dürfen sich nicht in verschiedenen Reihen wiederholen, da sie ohne Zweifel eigene spezifische Merkmale besitzen. Industriell nutzbare Pegmatitlagerstätten findet man in sauren und ultrasauren Intrusionen als charakteristische Begleiter. Sie hängen gleichzeitig mit alkalischen Gesteinen und seltener mit Granitoiden von erhöhter Basizität zusammen. In letzterem Fall ist jedoch die Zusammensetzung der Pegmatite anders, und ihre Ausmaße sind in der Regel nicht groß. In solchen Fällen sind daher die paragenetischen Assoziationen der Lagerstätten oder Mineralkörper maßgebend.

Petrometallogenetische Reihen

Die Grundlage zur Abtrennung dieser Reihen sind die magmatischen Formationen und die genetisch mit ihnen zusammenhängenden Lagerstätten. Das Auftreten der verschiedenen Reihen ist von den strukturell-geologischen Bedingungen abhängig. Deshalb muß man die petrometallogenetischen Reihen als einen wichtigen Zweig der historischen Entwicklung der Erde betrachten. Sie entwickelten sich nacheinander und wechselten zeitlich. Verschiedene Reihen haben deshalb einheitliche Tiefenquellen (magmatische Herde).

Die erste Gruppe petrometallogenetischer Reihen gehört zu den geosynklinalen Bildungen. Die zweite Gruppe bildete sich im postorogenen Stadium, als die Geosynklinale in ein konsolidiertes Geantiklinalgebiet umgewandelt war. Unter Tafelbedingungen erfolgt ihre Einstufung nach der jeweiligen tektonischen Aktivität. Zur dritten Gruppe gehören die Lagerstätten der Randzonen von Tafeln. Sie sind durch magmatische Formationen charakterisiert, die im zentralen Teil einer Tafel fast nicht auftreten. Zu den Lagerstätten der vierten Gruppe gehören solche, die in den stabileren Innenbereichen von Tafeln liegen.

Betrachten wir die wichtigsten Typen petrometallogenetischer Reihen:

I. Petrometallogenetische Reihen, die unter geosynklinalen Bedingungen entstanden

1. Genetische Lagerstättenreihe, die mit der Spilit-Keratophyr-Formation zusammenhängt

Hierzu gehören Schwefel- und Kupferkieslagerstätten sowie barytpolymetallische Kieslagerstätten, die räumlich und zeitlich mit Spilit-Keratophyr-Gesteinen verbunden sind. Die Lagerstätten dieses Typs bildeten sich im Anfangsstadium der geosynklinalen Einsenkung und umfassen Erzanschwellungen (Kaukasus) und mächtige Erzbezirke (Ural).

Die magmatischen Gesteine — Effusiva, Tuffe und Pyroklasten — werden von quarzporphyrischen und quarzalbitophyrischen Stöcken, Lagergängen und Gängen begleitet. Die mit ihnen zusammenhängenden Kieslagerstätten zeichnen sich durch eine große Variabilität der Zusammensetzung aus: Schwefelkies-, Zink-Kies-, Kupferkies- oder komplexe Cu-Zn-S-Kieslagerstätten in den paläozoischen Geosynklinalen (Ural, Südspanien); im mesozoischen Bereich des Stillen Ozeans konzentrieren sich in der Hauptsache Cu-Kieserze (Japan, USA), und im alpinen Bereich des Mittelmeeres finden wir Cu-Zn-Kieslagerstätten. Zwischen diesen Lagerstätten sind zahlreiche Übergänge vorhanden.

2. Genetische Lagerstättenreihe, die mit der hyperbasitischen Formation zusammenhängt

Die Bildung der Segregations- und hysteromagmatischen Lagerstätten (Chromit-Platin-, Titanomagnetit- und seltener Cu-Lagerstätten) hängt eng mit der Entstehung der Hyperbasite unter geosynklinalen Bedingungen zusammen.

Die Hyperbasite entstanden in den frühen Entwicklungsetappen der Geosynklinalen. Ihre Entstehung begünstigte die Bildung tiefer Risse in den Geosynklinalen. Deshalb erstrecken sie sich auf lange Zonen, deren Ausdehnung zwischen 30—180 km (Kleiner Kaukasus) und 400—500 km (Ural) schwankt. Die Hyperbasite bilden folgende petrogenetische Reihe magmatischer Gesteine: Harzburgite, Lherzolithe (Dunite, Pyroxenite), Gabbro und Gabbro-Diorite (?).

Mit diesen Gesteinen ist genetisch eine größere Gruppe von Lagerstätten verbunden, die unter magmatogenen Bedingungen unter Mitwirkung hydrothermaler Lösungen entstanden. Sie bilden eine genetische Reihe mit einzelnen Übergangstypen: Chromit, Chromit mit Platin, Platin, Titanomagnetit, Titanomagnetit mit Vanadium, Kupfererze (manchmal Lagerstätten mit gediegen Kupfer).

3. Genetische Lagerstättenreihe, die mit Gabbro-Plagiosyeniten und Gabbro-Plagiograniten zusammenhängt

Die Gesteine dieser Formation bildeten sich ebenfalls im frühen Geosynklinalstadium, und zwar nach den Hyperbasiten, und sind anscheinend Enddifferentiate des hyperbasitischen Magmas.

Mit den Gesteinen dieser Formation hängen Skarnerz- und hydrothermale Bildungen genetisch zusammen. Nach der Zusammensetzung der Erze ergibt sich folgende Reihe von Lagerstätten: Skarn-Magnetit-, Skarn-Magnetit-Kobalt-, Skarn-Magnetit-Kupfer- und Skarn-Kupfer-Erze. Es ist möglich, daß hierzu noch Quarz-Arsenopyrit-, Quarz-Arsenopyrit-Gold- und verschiedene Quarz-Gold-Lagerstätten gehören.

4. Genetische Lagerstättenreihe, die mit der granitoiden Formation zusammenhängt

Während der orogenen Faltung bildeten sich in den Geosynklinalen mächtige granitische Batholithe. Es bildete sich die petrogenetische Gesteinsreihe Granit—Adamellit—Granodiorit—Diorit (seltener Gabbro). Die Ursache der Bildung dieser Reihe dürften die im granitischen Magma vor sich gehenden Assimilationserscheinungen sein.

Mit dieser petrogenetischen Reihe hängen Skarn- und hydrothermale Lagerstätten zusammen. Sie bilden folgende genetische Lagerstättenreihe: Skarn-Magnetit-, Skarn-Magnetit-Scheelit-, Skarn-Scheelit-, Skarn-Scheelit-Molybdänit-, Skarn-Scheelit-Sulfid (Pyrrhotin, Arsenopyrit, Pyrit, Sphalerit, Galenit und Stannin)-, Skarn-Sulfid-Zinn- (selten) und Skarn-Sulfid- oder Karbonat-Gold-Lagerstätten.

Im hydrothermalen Stadium bilden sich Quarz-Scheelit-, Quarz-Scheelit-Gold-, Quarz-Sulfid-Gold-, Quarz-Sulfid- und quarzpolymetallische Lagerstätten.

5. Genetische Lagerstättenreihe, die mit Graniten zusammenhängt

Die Granite bildeten sich während der orogenen Faltung, aber unter anderen geologischen Bedingungen als die granitoide Formation. Günstig für die Bildung der Granite sind die tiefsten Horizonte der Batholithe, bei denen randlich nur eine schwache Assimilation auftreten konnte. Ihre Platznahme erfolgte in den späten Etappen der Faltung, als sich die Wirkungen der Assimilation verringert hatten. Teilweise lokalisierten sich die Granite in Gesteinen ähnlicher Zusammensetzung (Schiefer, Hornfelse, Granitoide usw.), wobei die Assimilation nicht zu einer starken Veränderung der petrochemischen Eigenschaften des Magmas führen konnte. Die Gesteine dieser Reihe haben in der Regel die Zusammensetzung von Granitoiden bis Alaskiten.

Mit diesen Gesteinen hängen räumlich und zeitlich pegmatitische und hydrothermale Lagerstätten zusammen (Pegmatit-Kassiterit-Lagerstätten und solche mit Pegmatit und seltenen Metallen). Von den hydrothermalen Lagerstätten gehören hierzu Quarz-Greisen-Lagerstätten mit Wolframit und Kassiterit oder selbständige Quarz-Wolframit- und Quarz-Kassiterit-Lagerstätten. Hier finden wir auch die Lagerstätten der polymetallischen Sulfide.

6. Genetische Lagerstättenreihe, die mit Syeniten zusammenhängt

Am Ende des magmatischen Prozesses (Bildung von Batholithen der Geosynklinale) treten in einigen Gebieten alkalische Gesteine auf, in der Hauptsache Syenite. Ihr Auftreten ist mit dem Erlöschen des Magmatismus in den Geosynklinalen verbunden.

Pegmatitische und hydrothermale Lagerstätten seltener Metalle (Nb, Ta, Cs, Th u. a.) sind hier anzutreffen. Wahrscheinlich gehören auch die Antimon- und Quecksilber-Lagerstätten zu dieser Reihe.

II. Petrometallogenetische Reihen, die sich unter geantiklinalen Bedingungen bildeten

7. Genetische Lagerstättenreihe, die mit den kleinen Porphyrintrusionen von Granitoiden zusammenhängt

Nach der Konsolidierung der Geosynklinale treten in verschiedenen Gebieten Intrusionen von porphyrischen Granitoiden auf. Der Form nach stellen sie Stöcke, Gänge und Lakkolithe dar, und der Zusammensetzung nach entsprechen sie der Reihe vom Granitporphyr und Quarzporphyr bis zu den Dioritporphyriten. Entsprechend den Lagerungsverhältnissen gehören die kleinen Intrusionen fast durchweg zu den Bildungen geringer Tiefe, und nicht selten zeigt sich ein Zusammenhang mit effusiven Gesteinen. Sie sind an großen Brüchen und in den Kontaktzonen der Batholithe verbreitet.

Die petrogenetische Reihe der Kleinintrusionen (hier ist ein paragenetischer Zusammenhang im Sinne einer einheitlichen Quelle, sowohl für das Magma als auch für die Lösungen, kennzeichnend) besteht aus Skarn-polymetallischen und Quarz-polymetallischen Lagerstätten (Zusammenhang mit Granodioritporphyren), hydrothermalen Gold-, Kupfer- und Molybdän-Lagerstätten (Zusammenhang mit Dioritporphyriten) und hydrothermalen Kassiterit-Sulfid-Lagerstätten (Zusammenhang mit den sauren Varietäten porphyrartiger Granitoide).

8. Genetische Lagerstättenreihe, die mit den subalkalischen Granitoiden zusammenhängt

Nach der Bildung der Kleinintrusionen von Granitoiden entstehen meist noch eine Reihe kleiner Intrusionen subalkalischer Granitoide. Sie bilden folgende petrogenetische Gesteinsreihe: Gabbro-Syenite, Diorit-Syenite, Granosyenitporphyre, Quarzsyenitporphyre, Monzonite und selten Shonkinite. Hierzu gehören auch Gänge alkalischer Lamprophyre. Das Hauptmerkmal des Magmatismus dieser antiklinalen Etappe (geologische Bildungsbedingungen ähnlich den Tafeln) ist die erhöhte Alkalität der Gesteine.

In dieser petrometallogenetischen Reihe finden wir eine große Gruppe von hydrothermalen Lagerstätten: Fluorit-,fluorit-polymetallische, baryt-polymetallische und wahrscheinlich Fluorit-Sb-Hg-Lagerstätten.

III. Petrometallogenetische Reihen, die sich an den Rändern von Tafeln bildeten (Übergangsbedingungen Tafeln — Geosynklinale)

9. Genetische Lagerstättenreihe, die mit differenzierten basischen Gesteinen zusammenhängt

In den Randteilen von Tafeln bilden sich eigenartige Liquationslagerstätten, die zu einer selbständigen petrometallogenetischen Reihe zusammengefaßt wurden. Die geologische Lage und Genese dieser Lagerstätten ist umstritten.

Unter diesen basischen Intrusionen finden wir am verbreitetsten Norite. Mit letzteren hängen genetisch liquide Cu-Ni-Lagerstätten (Sudbury, Bushveld) zusammen. Seltener kommen Peridotite (Petschenga) und Gabbro-Diabase (Norilsk) vor.

Bei diesen Lagerstätten ist die Wechselbeziehung von Sulfid- und Silikatmineralisation und die teilweise Wirkung von hydrothermalen Prozessen von großem Interesse. In einigen Fällen entstehen die liquiden Erze in den frühen magmatischen Etappen und bilden dann Erznester, -linsen und -lager. In andern Fällen reicht die Erzbildung bis in die späten Etappen des magmatischen Prozesses hinein. Die Erze bilden dann gang- und trümerartige Körper.

10. Genetische Lagerstättenreihe, die mit gabbroiden Syenit-Granit-Gesteinen zusammenhängt

Auf Tafeln begegnet man Massiven von gabbroiden Syenit-Granit-Gesteinen, die einen konzentrisch-zonalen Aufbau haben. Die petrogenetische Reihe umfaßt von leukokraten über gabbroide bis zu ultrabasischen Gesteinen alle Differentiationsprodukte. Syenitische und überhaupt alkalische Gesteine sind in der Regel mit den zentralen Teilen und die Granite mit den peripheren Teilen solcher Massive verbunden.

Mit diesen Gesteinen hängen Titanomagnetit-, Ilmenit- und Apatit-Magnetit- (Typ Kiruna) Lagerstätten zusammen.

11. Genetische Lagerstättenreihe, die mit alkalischen Graniten verbunden ist

In den Randzonen von Tafeln bilden sich infolge der orogenen Bewegungen benachbarter Geosynklinalen Brüche. Die im kristallinen Fundament aufreißenden Bruchzonen dienen den aufdringenden alkalischen Granitmagmen als Aufstiegsbahnen. Die alkalischen Granite sind ebenfalls differenziert und zeigen einen zonalen Aufbau. Auf der Halbinsel Kola finden wir in der inneren Zone eines derartigen Massivs Amphibolvarietäten und in den Randteilen Ägirinvarietäten.

Zu diesen Gesteinen gehören genetisch Pegmatite und hydrothermale Bildungen, die Mineralien seltener Elemente enthalten (Monazit, Pyrochlor, Columbit u. a.).

12. Genetische Lagerstättenreihe, die mit alkalischen Gesteinen zusammenhängt

Unter den Bedingungen von Subtafeln sind typisch alkalische Gesteine charakteristisch. Zu ihnen gehören Nephelingesteine und Alkalisyenite. Auf der Halbinsel Kola finden wir in dieser Reihe poikilitische Syenite, Foyaite, Lujavrite, Eudialyt-Lujavrite und Gangbildungen (Shonkinite und Monchiquite).

In diese petrometallogenetische Reihe gehören die magmatischen Apatit-Lagerstätten (Typ Chibinen-Tundra). Mit den Alkaligesteinen hängen Mineralien seltener Elemente zusammen. Letztere findet man sowohl in den pegmatitischen als auch in den hydrothermalen Zonen und Gängen.

IV. Petrometallogenetische Reihen, die sich im Innern von Tafeln gebildet haben

13. Genetische Lagerstättenreihe, die mit differenzierten ultrabasischen und alkalischen Gesteinen zusammenhängt (differenzierte Trappe)

In den randlichen Zonen (seltener in den Innenbereichen) von Tafeln findet man ultrabasisch-alkalische Gesteine, die an große regionale Brüche geknüpft sind. Diese Gesteine bilden in geologischer Hinsicht eine Übergangsstufe vom Rand zum zentralen Teil der Tafel.

Die Zusammensetzung dieser Gesteine schwankt von ultrabasischen bis zu alkalischen Varietäten. Eine besondere Verschiedenartigkeit zeichnet die alkalischen Gesteine aus (Nephelinite bis zu Pulaskiten und verschiedenen Lamprophyren). Unter den ultrabasischen Gesteinen findet man Pyroxenite und Dunite. Die Massive derartiger Gesteine zeigen oft einen ringförmigen Aufbau. Im Zentrum des Massivs finden wir Karbonatite und nach den Rändern hin alkalische Gesteine.

Zeitlich und nicht selten auch räumlich ist mit dieser Gesteinsformation ein Trapp-Magmatismus verbunden. Hierher gehören sowohl Lagerstätten magmatischer (Titanomagnetite) als auch hydrothermaler (Karbonatite) Genese. Alle Gesteine dieser Formation zeigen einen erhöhten Gehalt an Niob, Titan und Elementen der Seltenen Erden (vorwiegend der Cer-Gruppe). Die alkalischen Varietäten dieser Gesteine zeigen mitunter postmagmatische Konzentrationen von Fluorit und Polymetallen.

14. Genetische Lagerstättenreihe, die mit der nichtdifferenzierten Trapp-Formation zusammenhängt

Mächtigen Trapp-Bildungen begegnet man auf fast allen Tafeln. Manchmal umgibt der Trapp-Magmatismus auch die benachbarten Geosynklinalgebiete, die wir als Subtafeln kennen (ABDULLAJEW 1959). In der vorhandenen geologischen Literatur ist mehrfach auf die Einförmigkeit der chemischen Zusammensetzung der Trapp-Basalte hingewiesen worden. Sie sind arm an Bodenschätzen. Man findet magmatische Magnetit-Lagerstätten, Fluorit- und polymetallische Lagerstätten; von den Nichterzen Achat und isländischen Doppelspat.

15. Genetische Lagerstättenreihe, die mit Kimberliten zusammenhängt

Die Lagerstätten dieser Reihe sind an Bruchzonen geknüpft und an die Flanken der Tafeln gebunden. Die Kimberlitpipes sind petrogenetisch noch wenig bekannt. Einige von ihnen gehen in der Teufe in Gänge über.

Mit den Kimberliten hängen die Diamanten zusammen, denen man sowohl in den eigentlichen Kimberliten (in Form von Einschlüssen magmatischer Genese) als auch in Kontaktzonen (in kontaktmetamorphen Gesteinen) begegnet.

Einige allgemeine Bemerkungen

1. In diesem Beitrag wurden nicht die petrogenetischen Reihen betrachtet, die mit effusiven Bildungen zusam-

menhängen (mit Ausnahme der Spilit-Keratophyr-Formation und den Fällen, wo die Vererzung mit subvulkanischen Vorgängen in Zusammenhang gebracht werden kann). Das vorliegende Material reicht noch nicht aus, um derartige neue Reihen zu kennzeichnen. Es ist möglich, daß ein Teil der effusiven Erzbildungen mit den schon beschriebenen Lagerstättenreihen zusammenhängt.

Eine solche Situation besteht z. B. bei der Olivin-Basalt-Formation der ozeanischen Senken, deren Rolle bei der Erzbildung noch nicht klargestellt worden ist. Zu dieser Kategorie gehören auch die Granite, die sich durch Granitisation bildeten. Der genetische Zusammenhang der Pegmatite und Quarz-Greisen-Bildungen mit derartigen granitisierten Gesteinen ist in den betreffenden Fällen nicht ausgeschlossen.

2. Die petrometallogenetischen Reihen zeigen, daß sich einzelne Formationen magmatischer Gesteine während der geologischen Entwicklung ungleichartig verhalten, aber stets unter ähnlichen geologischen Bedingungen. Dadurch sind nicht nur die petrochemischen Besonderheiten der Gesteine bedingt, sondern es wird auch die Metallogenie beeinflußt.

Ultrabasische Gesteine bilden sich stets dann, wenn die Erdkruste durch tiefe Risse und Brüche deformiert wird. Die Granite und die mit ihnen assoziierten Erzbildungen treten in drei Fällen auf: a) als Differentiate basischer bis ultrabasischer Magmen in der vorbatholithischen Etappe des geosynklinalen Magmatismus (in geringer Menge manchmal auch auf Tafeln), b) bei der Bildung mächtiger Batholithe in der Geosynklinale während der orogenen Faltung (Graniten dieses Typs begegnet man auch in den aktivierten Zonen von Tafeln oder an ihren Rändern), c) in Form kleiner porphyrischer Intrusionen während des Übergangs von der Geosynklinale zur Tafel. Oft erscheinen die Granite auch als subvulkanische Bildungen.

Die alkalischen Gesteine treten ebenfalls in verschiedener Weise auf. In den Geosynklinalen und den inneren Bereichen von Tafeln fällt ihre Bildung mit dem Erlöschen der magmatischen Prozesse zusammen. Sie entstehen oft während des Erlöschens der vorbatholithischen magmatischen Tätigkeit und bilden sich im Gefolge der Differentiation basischer und ultrabasischer (Gabbro-Plagiosyenite) Magmen. In einigen Fällen bilden sie sich am Ende der Entwicklung von granitoiden Intrusionen unter geantiklinalen Bedingungen (Syenite); mitunter in den letzten Stadien der Bildung von kleinen porphyrischen Intrusionen unter geantiklinalen Bedingungen (subalkalische Granitoide). Auf Tafeln entstehen die alkalischen Gesteine im Gefolge der Differentiation ultrabasischer Magmen (Formation ultrabasisch-alkalischer und alkalischer Gesteine). Die alkalischen magmatischen Gesteine sind an den Rändern der Tafeln verbreitet und bilden verschiedene Übergänge zu den basischen, ultrabasischen und auch den sauren Gesteinen. Mit ihnen hängen Fe-, Co-Lagerstätten und solche der Seltenen Erden zusammen. Bildeten sie sich infolge der Differentiation granitischer Magmen, dann sind sie mit einer völlig anderen Mineralisation verbunden (As, Hg, Sb, Fluorit u. a.).

3. Einige metallische und nichtmetallische Elemente können im Laufe eines längeren Zeitraums zur Bildung einzelner Erzprovinzen führen. In verschiedenen Etappen konzentrieren sie sich zu verschiedenen Assoziationen und Lagerstättentypen. Mit Hilfe dieser Elemente können wir einen Zusammenhang zwischen verschiedenen petrometallogenetischen Reihen als Produkte eines einheitlichen magmatischen Tiefenherdes feststellen.

So ist für einzelne Erzprovinzen des sowjetischen Tien Shan Fluor charakteristisch. Im Tschatkal-Kuraminsker Erzgebiet begegnet man Fluorit in Pegmatiten, in Skarnen und in Greisenzonen, die mit Intrusionen der batholithischen Etappe zusammenhängen (Granite). Später bildeten sich hier kleine Intrusionen von subalkalischen Granitoiden, mit denen selbständige hydrothermale Fluorit-Lagerstätten verknüpft sind.

Im Kuramin-Gebirge findet man Blei-Mineralisation (in sehr geringen Mengen) während der batholithischen Entwicklung, danach in Skarn-Sulfid- und Quarz-Sulfid-Lagerstätten, noch später, während der postmagmatischen Prozesse, in Kluftintrusionen und Gängen subalkalischer Granitoide.

In Zentralkasachstan ist vom Kambrium bis zum Perm fast für alle postmagmatischen Bildungen Bor charakteristisch.

So wiederholen sich die einzelnen Erzvorkommen im Laufe der geologischen Entwicklung in ungleicher Weise.

4. Im vorliegenden Artikel wurden die niedrigthermalen Erze nicht behandelt. Hierzu gehören die Hg-, Sb-, Fluorit- und Barytlagerstätten. Wahrscheinlich gehören auch die Sideritlagerstätten und Hämatitgänge in diese Gruppe. Pb-Lagerstätten in Karbonatgesteinen vom Typ Mississippi und Karatau wurden ebenfalls nicht in die hier betrachteten petrometallogenetischen Reihen aufgenommen.

Zusammenfassung

Es werden die durch Alter, Zusammensetzung und Bildungsweise der magmatischen Formationen bedingten genetischen Reihen der Lagerstätten in ihrem Zusammenhang mit den petrographischen Reihen der magmatischen Gesteine untersucht. Durch Aufzeigen der wichtigsten, von strukturell-geologischen Bedingungen abhängigen petrometallogenetischen Reihen soll zur Klärung eines für die Metallogenie grundlegenden Problems beigetragen werden. Es werden vier Gruppen von Reihen unterschieden, 1. die Gruppe der zu den geosynklinalen Bildungen gehörenden, 2. die der im postorogenen Stadium entstandenen, 3. die der in den Randzonen von Tafeln entstandenen Reihen und 4. die petrometallogenetischen Reihen der Tafeln. Zusammensetzung und Genese der wichtigsten Lagerstättenreihen werden im einzelnen analysiert.

Резюме

Исследуется зависимость генетических рядов месторождений, обусловленных возрастом, составом и возникновением магматических формаций, с петрографическими рядами магматических пород. Выявление важных, от структурно-геологических условий зависящих, петрометаллогенических рядов содействует выяснению одной изважных проблем металлогении. Различаются четыре группы рядов: 1. группа геосинклинальных образований, 2. группа, которая образовалась в посторогенную стадию, 3. ряды, которые возникли в краевых зонах платформ и 4. петрометаллогенические ряды платформ. Рассматриваются состав и генезис важнейших рядов месторождений.

Summary

Genetic series of deposits conditioned by age, composition and mode of formation are investigated with regard to petrographical series of magmatic rocks. An exposition of the most important petrometallogenic series dependent on structural-geological conditions is designed to help in clearing up a problem fundamental to metallogeny. The series are arranged in four groups: 1. those belonging to the group of geosynclinal formations, 2. those originated in the postorogenic stage, 3. series originated in the marginal zones of platforms and 4. the petrometallogenetic series of the platforms. Composition and genesis of the most important series of deposits are analysed in detail.

Literatur

ABDULLAJEW, CH. M.: Der genetische Zusammenhang zwischen Vererzung und granitoidischen Intrusionen. — 2. Aufl., Moskau 1954.
— Abriß der Klassifikation der erzpetrographischen Provinzen. — Usbek. Geol. Journ., 4, 1959.
BUDDINGTON, A. F.: Die Beziehungen der verschiedenen Typen der Mineralisation zu verschiedenen Intrusivgesteinen. — Russ. Übers., 1937.
BILIBIN, J. A.: Metallogenetische Provinzen und metallogenetische Zonen. — Moskau 1959.
KUSNEZOW, J. A.: Magmatische Formationen. Aus: Gesetzmäßigkeiten der Verteilung von Bodenschätzen. — Moskau 1958.
LINDGREN, W.: Mineral deposits. — Russ. Übers., 1934–35.
NIGGLI, P.: Die genetische Klassifikation der magmatischen Erzlagerstätten. — Russ. Übers., 1933.
SCHEINMAN, J. M.: Verschiedene geologische Besonderheiten ultrabasischer und ultraalkalischer magmatischer Bildungen auf Plattformen. — Sap. Wseso. Min. Obsch., Nr. 2, 1955.
STARTZKIJ, J. G.: Verschiedene Besonderheiten des Magmatismus und der Metallogenie von Plattformgebieten. — Aus: Gesetzmäßigkeiten der Verteilung von Bodenschätzen, Moskau 1958.

P. F. IWANKIN & I. I. CHALTURINA

Über die Gesetzmäßigkeiten der Verteilung der endogenen Vererzung im Irtysch-Gebiet (Altai)[1]

Referiert von HANS-JÜRGEN TESCHKE, Berlin

Der Untersuchung liegt ein umfangreiches Beobachtungsmaterial aus der Polymetallzone des südwestlichen Erzaltais zugrunde.

Das im Untersuchungsgebiet vorkommende Paläozoikum läßt sich auf Grund der stratigraphisch-lithologischen und physikalisch-mechanischen Eigenschaften in drei Strukturstufen gliedern:

1. Die 2–3 km mächtige kaledonische Stufe besteht aus ungegliederten homogenen Grünsteinen, die in zwei Faltungsepochen intensiv beansprucht und schließlich zu Hornfelsen umgewandelt worden sind;

2. die devonische sedimentär-vulkanogene Stufe besteht aus einem mehrmaligen Wechsel saurer und basischer Laven sowie sandig-toniger und karbonatischer Serien. In bezug auf den Porositätsgrad und die Durchlässigkeit für postmagmatische Lösungen handelt es sich um ein stark anisotropes System, in dem die Hauptanisotropieflächen mit den Grenzen zwischen mechanisch unterschiedlich reagierenden Serien identisch sind;

3. die obere Stufe — sandig-tonige und tuffogene Gesteine — zeichnet sich durch eine geringe physikalisch-chemische Anisotropie aus.

Schichtparallele Abscherungen oder steil einfallende Bruchstörungen fehlen selbst in kompliziert gefalteten Bereichen.

Das Auftreten der drei ausgeschiedenen Strukturstufen im Gelände ist tektonisch bedingt. In die Metamorphite des kaledonischen Untergrundes im Scheitel des sogenannten Alai-Antiklinoriums sind an Schwächezonen jungvariscische Granite eingedrungen. An den Flanken des Antiklinoriums streicht der vulkanogensedimentäre Komplex der zweiten Stufe aus, während Unterkarbon am Rande der Struktur entwickelt ist. Im SW und NE wird das Untersuchungsgebiet von linear gestreckten Störungen begrenzt, eine dritte Bruchzone durchzieht das Gebiet in nordwestlicher Richtung.

Sämtliche Lagerstätten des Untersuchungsgebietes lassen sich in vier Typen gliedern, die sich in ihrer Genese, in der Zugehörigkeit zu bestimmten Magmenkomplexen sowie in ihrer tektonischen Stellung voneinander unterscheiden.

1. Skarn-Eisen-Kupfer-Formation: Als Erzminerale treten in den Hornfelsen und Skarnen Magnetit, Hämatit, Pyrit, Magnetkies, seltener Zinkblende und Bleiglanz auf. Charakteristisch ist der räumliche Zusammenhang zwischen Sulfidvererzung und Hochtemperaturmineralen sowie das Vorherrschen von Kupfer gegenüber Zink und Blei.

2. Formation der Kupfer-Turmalin-Gold-Gänge: Von den wichtigsten Mineralen sind zu nennen: Quarz, Ankerit, schwarzer Turmalin, Magnetit, Pyrit, Kupferkies, Buntkupferkies, seltener Zinnstein und Scheelit. Die Gänge sitzen vorwiegend Grünsteinen und Porphyroidschiefern auf, die örtlich in Hornfelse und Skarne umgewandelt sind.

3. Schwefelkies-Polymetall-Formation: Wichtigste Erzminerale sind Eisensulfide, Zinkblende, Wurtzit, Kupferkies, Bleiglanz und Fahlerze. Die Vererzung wird begleitet von einer Tieftemperaturmetamorphose (Quarz, Magnesium-, Eisen- und Kalziumkarbonate, Sericit, Chlorit u. a.).

4. Quarz-Kupfer- und quarz-barytische Blei-Kupfer-Formation: Hierzu gehören hydrothermale Quarzgänge auf Querspalten und Scherzonen verschiedener Richtungen. Neben Quarz sind anzutreffen: Ankerit, Calcit und Baryt, Sericit, Muskovit.

Im Irtysch-Gebiet sind jungvariscische Magmatite („Smeinogorsker Eruptivkomplex") weit verbreitet. Sie werden vorwiegend von Plagiograniten und Adamelliten vertreten; Granodiorite, Thonalite und normale Granite treten nur untergeordnet auf. Ihre Platznahme erfolgte an tiefreichenden Störungen sowie an schichtparallelen Abscherungen an der Grenze zwischen vulkanogenem Komplex und kaledonischer Unterlage. Kleinere Intrusionen mit hypabyssischem Habitus — Albitporphyre, Quarzporphyre, seltener Keratophyre — wurden zu einer selbständigen Gruppe ausgeschieden. Ein großer Teil dieser Intrusivkörper ist jünger als die Granitmassive.

Es zeigt sich, daß die Beziehungen zwischen den einzelnen Erzformationen und Magmenkomplexen ungleich sind. Gewöhnlich sind mineralisierte Skarne und Hornfelse an die äußeren Kontaktzonen der Plagiogranit- und Adamellitintrusionen geknüpft. Eine gesetzmäßige Gruppierung der polymetallischen Erze um die Granitoidintrusionen ist jedoch nicht zu beobachten, vielmehr treten Lagerstätten sowohl in unmittelbarer Nähe als auch in größerer Entfernung von Granitstöcken auf. Im Einflußbereich regionaler Bruchstörungen ist jedoch zwischen dem Streichen der Erzfelder und der Intrusionskontakte eine gewisse Übereinstimmung zu beobachten.

[1] Aus: „Sowjetskaja Geologija", Nr. 43, S. 71–88, Moskau 1955.

Ein wesentlich engerer räumlicher und struktureller Zusammenhang besteht zwischen den polymetallischen Lagerstätten und den kleinen Intrusionen aus Albitophyren und besonders den Porphyriten. Auffallend ist, daß der Schwefelkies-Polymetall-Vererzung in den untersuchten Lagerstätten stets die Bildung kleiner Intrusionen vorausgeht. Allgemein kann gesagt werden, daß Stöcke und Gänge junger albitporphyrischer und porphyritischer Gesteine als günstige Voraussetzungen für eine polymetallische Vererzung anzusehen sind, unabhängig davon, ob sie in devonischen Effusiva und Tuffen, in unterkarbonischen Sedimenten oder im Verbreitungsgebiet von Granitintrusionen auftreten.

Die wichtigsten erzführenden Serien des vulkanogen-sedimentären Komplexes zeichnen sich gewöhnlich dadurch aus, daß saure Laven und Agglomerate gegenüber basischen Effusiva und Tuffen vorherrschen und daß effusiv-pyroklastische und dichte tuffig-sedimentäre Gesteine häufig miteinander wechsellagern. In den gut geschichteten Profilteilen, die von überwiegend pyroklastischen zu vorwiegend sedimentären Gesteinen überleiten, sind Vererzungen häufiger als in den lithologisch homogeneren Bereichen. Derartige Übergangszonen zeichnen sich in der Gliederung des vulkanogen-sedimentären Komplexes in einzelne Folgen gewöhnlich als geologische Grenzen ab. Folgende Gesteine bilden für eine polymetallische Vererzung die günstigsten Voraussetzungen: agglomeratische, psephitische und psammitische Tuffe und Tuffite albitophyrischer Zusammensetzung; ferner sind zu nennen karbonatische, insbesondere dolomitisierte Tuffe und Tuffite, kohlig-tonige Phyllite, Chlorit-Sericit- und Quarz-Sericit-Schiefer.

Für eine Vererzung ungünstige Gesteine sind kieselig-tonige Aleurite und Aleuropelite in Wechsellagerung mit mächtigeren effusiv-pyroklastischen Schichten. In der Tabelle ist die Verteilung der Erzvorkommen in den einzelnen lithologischen Komplexen zusammengestellt.

Erzführende Gesteine	Anzahl der Erzanzeichen in %				
	Gesamt für alle Formationen	Skarnformation	Formation der Kupfer-Turmalin-Gänge	Schwefelkiesformation	Quarz-Kupfer- und Quarz-Baryt-Formation
Saure Effusiva, deren Tuffe und Tuffite	40	3	–	29	8
Basische Effusiva und deren Tuffe	–	–	–	–	–
Sandig-tonige sedimentäre aleurolithische Gesteine	12	2	–	3	7
Kalke	10	5	–	2	3
Granitoide	6	–	–	1	5
Grünsteinschiefer, reich an Epidot, Chlorit, Aktinolith, Karbonat. Quarz	32	8	7	1	16
Insgesamt	100	18	7	36	39

Aus den Untersuchungsergebnissen geht hervor, daß bestimmte Erzformationen, so z. B. die Skarn-Eisen-Kupfer-Formation und die goldführende Kupfer-Turmalin-Formation, eng mit den äußeren Kontaktzonen der jungvariscischen Granite verknüpft und somit als postmagmatische Produkte dieser Intrusionen aufzufassen sind. Dagegen lassen andere Formationen, insbesondere die Schwefelkies-Polymetall-Formation, zu den Granitintrusionen keinerlei Beziehungen erkennen.

Die meisten polymetallischen Erze treten in zwei parallelen Zonen mit einer Länge bis zu 100 km und einer Breite von 5—10 km auf, die deutlich an regional zu verfolgende variscische Bruchzonen anschließen. Diesen tiefreichenden Störungen sind Strukturen zweiter Ordnung zugeordnet. Aus der räumlichen Stellung der wichtigsten Erzfelder geht die Bedeutung der über lange Zeit hindurch tektonisch aktiven Tiefenbrüche hervor. Daneben sind aber auch erzführende Strukturen ohne sichtbare Beziehungen zu regionalen Störungen durchaus möglich.

Polymetallische Vererzungen sind innerhalb der verschiedensten stratigraphischen Serien und lithologischen Komplexe nachgewiesen worden. Entsprechend der lithologisch bedingten schichtförmigen Inhomogenität des Profils ist die Vererzung in bestimmten Stufen und Stockwerken konzentriert. Erzstrukturen sind nur dann möglich, wenn sowohl günstige tektonische als auch stratigraphische und faziell-lithologische Faktoren vorliegen. Außerdem spielen physikalisch-mechanische Anisotropieerscheinungen eine wesentliche Rolle. Für ihren Einfluß konnten jedoch noch keine allgemeingültigen Gesetzmäßigkeiten gefunden werden. Alle früheren Versuche, den Vererzungsvorgang nur lithologisch oder nur tektonisch erklären zu wollen, haben in diesem Gebiet zu keinen befriedigenden Ergebnissen geführt.

Die außerordentlich große vertikale Verbreitung der polymetallischen Vererzung über sämtliche strukturell-lithologischen Stufen und die Zuordnung der meisten Erzvorkommen zu regionalen Bruchstörungen lassen zwei Deutungen zu. Einmal kann angenommen werden, daß die Quelle für die Schwefelkies-Polymetall-Vererzung in großen Tiefen zu suchen ist. Zum anderen erfolgten die Trennung der Erzlösungen von ihrer vermuteten Quelle, ihr Aufstieg durch die Gesteine aller drei Strukturstufen und der Vererzungsvorgang selbst nicht früher als in jungvariscischer Zeit. Für die erste Deutungsmöglichkeit sprechen die paragenetischen Beziehungen zwischen Vererzung und kleinen Albitporphyr- bzw. Porphyritintrusionen, die sich im heutigen Erosionsanschnitt durch einen hypabyssischen Habitus auszeichnen.

Für eine späte Bildung der polymetallischen Erze sprechen mehrere Hinweise. Zunächst ist zwischen vielen Lagerstätten und jungvariscischen tektonischen Strukturen (Schieferungszonen, Bruchstörungen, Faltenstrukturen) ein ursächlicher Zusammenhang nachgewiesen worden. Ferner zeigen Kontakthornfelse und Skarngesteine im Bereich jungvariscischer Granitintrusionen eine deutliche Vererzung, vergleichbar mit der Schwefelkies-Polymetall-Vererzung in zerrütteten Albitporphyren und Porphyriten, die an diskordant zur Faltung streichenden tektonischen Spalten aufgedrungen sind. Schließlich fehlen jegliche Anzeichen für eine Kontaktmetamorphose der polymetallischen Erze.

Literatur

ASHGIREI, G. D. & P. F. IWANKIN: Die Hauptfragen bei der geologischen Untersuchung der Irtysch-Faltenzone. — Bjull. MOIP, now. serija, Bd. XXVII, H. 3, 1952.

JENISSEJEW, N. A.: Petrographie des Erzaltais und der Kalba. Petrographie der UdSSR, Ser. 1. — Regionale Petrographie. H. 6, 1938.

NECHOROSCHEW, W. P.: Tektonik und Metallführung des südwestlichen Altais. — Isw. Wses. geol.-raswed. objedin., Bd. 1, H. 15, 1932.

— Faltungszonen und Vererzungszonalität im Altai. — Probl. sowj. geol., Bd. VIII, Nr. 3, 1938.

PILIPENKO, P. P.: Mineralogie des westlichen Altais. — Iswestija Tomskogo uniwersiteta, Bd. 62, 1915.

Der geologische Bau und die Perspektiven der Erdölführung in Polen zwischen Koszalin und Gdańsk auf Grund von Ergebnissen regionaler geophysikalischer und hydrochemischer Untersuchungen[1]

JANUSZ STRZETELSKI, Kraków

Einleitung

Der Teil Pommerns, der sich an der Ostseeküste zwischen Koszalin und Gdańsk und nach Südwesten bis Białogard, Szczecinek und Bydgoszcz erstreckt, gehört zu den geologisch wenig erforschten Gebieten Polens. Die Gewinnung eingehender Kenntnisse wird weitgehend davon abhängen, mit welchem Aufwand die Grundlagenforschungen und besonders die Sucharbeiten auf Erdöl und Erdgas betrieben werden. Die Untersuchung des regionalen tektonischen Baus eines so großen Gebiets (fast 25000 km^2) hat erhebliche Bedeutung für die Erkenntnis des tieferen geologischen Baus und der damit verbundenen Möglichkeiten des Auftretens von Erdöllagerstätten und bildet somit die Grundlage für die eigentliche Planung der geologischen Sucharbeiten.

Da die mächtige Decke känozoischer Sedimente die Erforschung des Untergrundes mit geologischen und teilweise auch mit seismischen Methoden erschwert, wurde versucht, die obengenannten Probleme mit Hilfe regionaler gravimetrischer, magnetischer und hydrochemischer Untersuchungen zu lösen. Die erstmalig in so großem Umfang durchgeführten hydrochemischen Untersuchungen erfolgten im Auftrag des Erdölinstituts Kraków in den Jahren 1957 und 1958. Das Ergebnis der von Mitarbeitern des Geologischen Instituts durchgeführten Untersuchungen bildete die Ausarbeitung von Karten der Schwereanomalien und der Vertikalkomponente „Z" des Erdmagnetismus. Eine Ergänzung dieses Materials und zugleich eine Kontrolle der Ergebnisse bildeten in der Umgebung von Chojnice und Bytów vom Geophysikalischen Betrieb der Erdölindustrie durchgeführte fragmentarische seismische Messungen sowie einige älteres Paläozoikum durchteufende Bohrungen.

Das Ziel der gravimetrischen, magnetischen und hydrochemischen Untersuchungen in dieser ersten Phase der regionalen geologischen Erkundung war neben der Verbesserung der Methodik auch die Erhöhung der Qualität der geologischen Interpretation der gewonnenen physikalischen und chemischen Fakten.

Insbesondere ermöglichte die Analyse der mit dem Vorhandensein von magnetisch aktiven Gesteinen zusammenhängenden Veränderungen der Intensität des Erdmagnetismus eine annähernde Deutung des Charakters und des Baus der magnetisch aktiven Gesteine des tieferen Untergrundes. Eine Ergänzung bildeten die Ergebnisse der Schwerkraftmessungen durch Interpretation der Dichteveränderungen in den Gesteinen des kristallinen Untergrundes und der sie bedeckenden sedimentären Schichten.

Da die Genauigkeit der Interpretation der obenangeführten Methoden bekanntlich von Natur aus begrenzt ist, wenn nicht Angaben über die physikalischen Eigenschaften der Gesteine, ihre petrographische Zusammensetzung usw. vorliegen, mußte eine Methode gesucht werden, die geeignet ist, wenigstens in gewissem Maße die fehlenden Informationen zu ergänzen. Aus diesem Grunde wurden hydrochemische Untersuchungen durchgeführt, die als Testuntersuchungen den Grad ihrer Brauchbarkeit für die Lösung ähnlicher geologischer Probleme beweisen sollten. Die hydrochemischen Untersuchungen dienten der Bestimmung der chemischen Zusammensetzung der Grundwässer (Brunnen, Quellen, Austritte) (J. GUMUŁKA 1959). Das Auftreten entsprechender hydrochemischer Indikatoren erlaubt es, auf den Charakter der strukturellen Veränderungen und die Anzeichen der Erdölführung zu schließen. Auf diese Weise ist eine umfassendere und genauere Interpretation der mit den einzelnen Verfahren gewonnenen Fakten (in Verbindung mit geophysikalischen Methoden) möglich.

Als Ergebnis der Analyse der einzelnen Untersuchungen wurden entsprechende Karten angefertigt, auf denen die Veränderungen der Intensität der Schwerkraft und des Erdmagnetismus in Form regionaler und lokaler Anomalien sowie die Oberflächenmorphologie und die Tiefe des magnetisch aktiven Untergrundes dargestellt sind. Außerdem wurden mehrere Karten von hydrochemischen Anomalien [Mineralisation, Salzgehalt, Härte der Wässer (Summe der Erdalkalien), Karbonate, genetische Wassertypen usw.] zusammengestellt.

Die vom Verf. geschilderten Resultate sind nicht als vollständig und endgültig anzusehen. Sie stellen die Ergebnisse von Voruntersuchungen zur weitgehenden Lösung der Fragen des Baus und der Erdölführung dieses Teils Polens dar.

Schema der Tektonik und der Perspektiven der Erdölführung im polnischen Küstengebiet zwischen Koszalin und Gdańsk

Die Tiefenelemente des geologischen Baus des besprochenen Gebiets zeichnen sich weder in der Struktur der Sedimente noch im heutigen Landschaftsbild ab. Sie hängen mit dem Randgebiet der Abdachung des Fenno-Sarmatischen Schildes zusammen. Es bildet die südwestliche Fortsetzung der osteuropäischen Tafel, die aus einem Komplex hochmetamorpher gefalteter präkambrischer Gesteine besteht, die im Norden und Nordosten ein natürliches Becken begrenzen, das mit paläozoischen, meso- und känozoischen Sedimenten angefüllt ist. Die Mitte des Beckens liegt in Zentralpolen.

Das Hauptelement des tektonischen Baus stellt in diesem Gebiet die Morphologie des magnetisch aktiven Untergrundes dar, in die sekundäre Struktureinheiten[2])

[1]) Deutsche Übersetzung des Originalbeitrages: SCHENK.

[2]) Da eine eindeutige Festlegung der Störungsquelle für einige geophysikalische und hydrochemische Anomalien schwierig ist, wurde für Formen, die sich durch große Gradienten der Schwerkraft und des Magnetismns auszeichnen, der Terminus „Strukturelemente bzw. -einheiten" eingeführt. Diese Anomalien brauchen nicht immer ein Äquivalent des geologischen Baus zu sein, sie können vielmehr auch von Veränderungen in der inneren Struktur der Gesteine der Sedimentdecke und ihres älteren Untergrundes hervorgerufen werden.

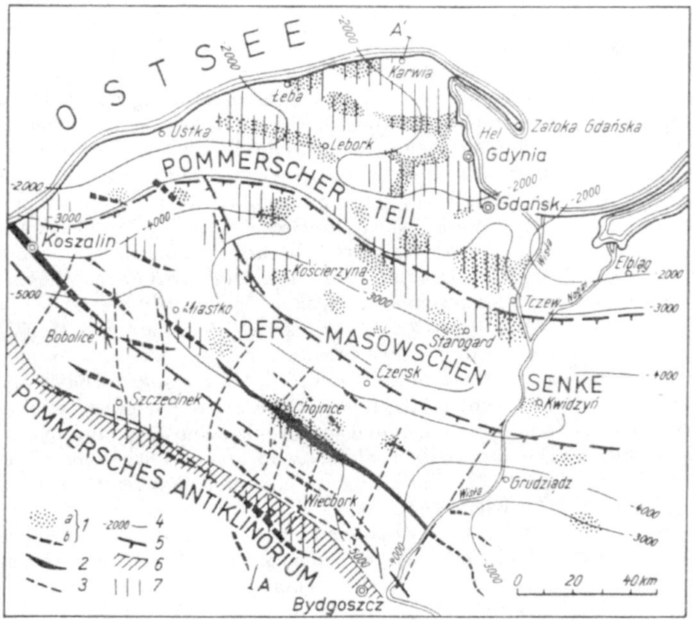

Abb. 1. Schema der Tektonik und der Perspektiven der Erdölführung im polnischen Küstengebiet zwischen Koszalin und Gdańsk

1 — vermutete strukturelle Aufragungen auf Grund von Ergebnissen geophysikalischer und hydrochemischer Untersuchungen: a) verhüllte bzw. wiederaufgelebte Strukturen des magnetisch aktiven Untergrundes, b) Faltungen bzw. Hebungen der Sedimentdecke; 2 — geophysikalisch (seismisch) und teilweise durch Bohrungen erforschte Strukturen; 3 — Zonen vermuteter Dislokationen in der Sedimentdecke auf Grund von Ergebnissen geophysikalischer und hydrochemischer Untersuchungen; 4 — Isohypsen der Oberfläche des magnetisch aktiven Untergrundes auf Grund von Ergebnissen magnetischer Messungen, in m; 5 — Verlauf größerer Abbrüche und Flexuren des magnetisch aktiven Untergrundes; 6 — nördliche Grenze des Pommerschen Antiklinoriums; 7 — Zonen möglicher Erdölführung nach hydrochemischen Daten

eingefügt sind, die seine Oberfläche und das sedimentäre Deckgebirge umfassen. Der Untergrund taucht allmählich, aber unregelmäßig nach Südwesten unter den Komplex der Sedimentgesteine ab, bis an der Flexur das große Becken erreicht ist. An der Oberfläche des Gebietes lassen sich größere und kleinere Senkungen und verdeckte Aufragungen ausscheiden. Im großen gesehen, lassen sich im differenzierten tektonischen Bau des pommerschen Teils der Masowischen Senke eine nichtgefaltete, an die Hochlage des kristallinen Untergrundes gebundene Zone und eine gefaltete, seiner Tieflage entsprechende Zone unterscheiden. Zur gefalteten Zone gehört auch das Pommersche Antiklinorium, das nur teilweise in den Bereich der Untersuchungen fällt (Abb. 1 und 2).

In der nichtgefalteten Zone liegt der magnetisch aktive Untergrund verhältnismäßig hoch, vermutlich in einer Teufe von —1500 bis —3500 m. Nach den Ergebnissen der magnetischen Untersuchungen weist seine Oberfläche einige sanfte Hebungen und Senkungen auf. Die sich von Ustka bis Gdynia und Elbląg ziehende Kette sehr flacher Erhebungen wird durch querverlaufende Senkungen in der Umgebung von Lębork und Gdańsk, die die natürlichen Verbindungen der Sedimente des südlichen Sammelbeckens mit der nördlichen Baltischen Senke darstellen, unterbrochen. Die magnetischen und gravimetrischen Untersuchungen ergaben eine stärkere Neigung der Abdachung nach Süden in der Umgebung von Darłowo, Słupsk und Starogard. Der Abdachung folgend geht die Hebungszone in die fast parallel laufende Senke von Kościerzyna und Starogard über, die im Norden eine längsverlaufende Hebung begrenzt, den sog. Buckel von Bytów–Kwidzyń. Die Grenze dieser Hebung im Westen und Osten bilden die querverlaufenden Senken von Bobolice und Iława.

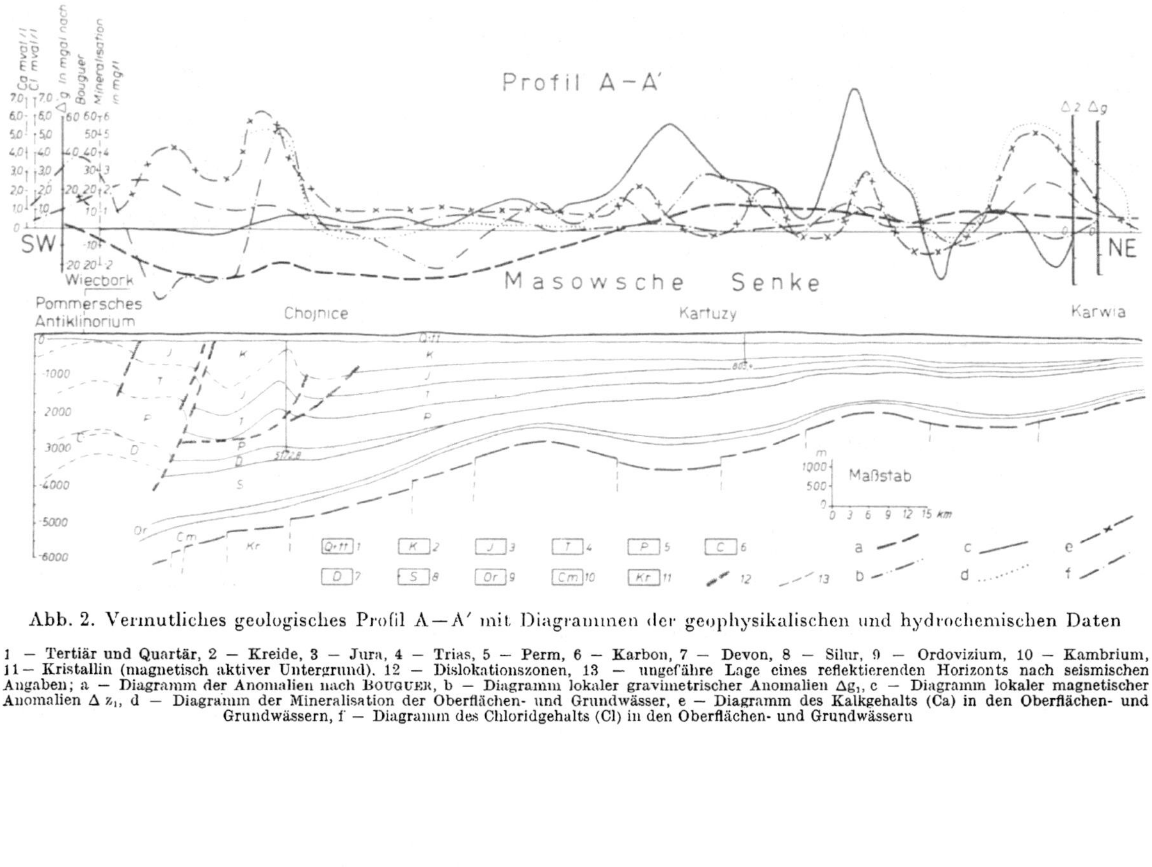

Abb. 2. Vermutliches geologisches Profil A—A' mit Diagrammen der geophysikalischen und hydrochemischen Daten

1 — Tertiär und Quartär, 2 — Kreide, 3 — Jura, 4 — Trias, 5 — Perm, 6 — Karbon, 7 — Devon, 8 — Silur, 9 — Ordovizium, 10 — Kambrium, 11 — Kristallin (magnetisch aktiver Untergrund). 12 — Dislokationszonen, 13 — ungefähre Lage eines reflektierenden Horizonts nach seismischen Angaben; a — Diagramm der Anomalien nach BOUGUER, b — Diagramm lokaler gravimetrischer Anomalien Δg_1, c — Diagramm lokaler magnetischer Anomalien Δz_1, d — Diagramm der Mineralisation der Oberflächen- und Grundwässer, e — Diagramm des Kalkgehalts (Ca) in den Oberflächen- und Grundwässern, f — Diagramm des Chloridgehalts (Cl) in den Oberflächen- und Grundwässern

Nach Südwesten fällt die Abdachung dieses Elements, nachdem sie die Flexur ungefähr auf der Linie Słupsk—Bytów—Kwidzyń überschritten hat, flach bis zur tektonischen Schwelle ab, von der an der magnetisch aktive Untergrund stärker eingemuldet ist. Mächtige paläozoische und mesozoische Sedimente, älter als Kreide, füllen die Senke und bilden eine längsverlaufende Hebungszone, die unter dem Namen Pommersches Antiklinorium bekannt ist.

Größere Flexuren und Abbrüche, die im morphologischen Bild des kristallinen Untergrundes hervortreten, entsprechen wahrscheinlich den Unstetigkeitszonen, die ihn in einzelne Blöcke teilen und über den tektonischen Typ des besprochenen Gebiets entscheiden. Innerhalb dieses regionaltektonischen Wechsels heben sich untergeordnete Strukturelemente ab, die wahrscheinlich mit den säkulären Bewegungen der Blöcke des Untergrundes und mit der allmählichen welligen Dislokation der Gebiete der größten Hebung und Senkung der Erdrinde zusammenhängen.

Charakteristisch für den nordöstlichen, pommerschen Teil der ausgedehnten Masowischen Senke, der stabilisierten Randzone, sind die nichtgefalteten Sedimentgesteine und das Auftreten vermutlich wiederaufgelebter struktureller Hebungen, die aber durch Sedimente überdeckt sind und mit dem sie unterlagernden präkambrischen Untergrund in Verbindung stehen. Der Bau der Hebungen ist unregelmäßig, verläuft fast Ost—West bzw. geht in Südwest—Nordost-Richtung über, wie in der Umgebung von Kartuzy deutlich sichtbar wird. Kennzeichnend ist ein wahrscheinlich schwach gewellter Bau, dessen Kulmination die strukturellen Barrieren im regionalen morphologischen Bild des kristallinen Untergrundes sind.

Die geschilderten geotektonischen Verhältnisse ändern sich grundlegend südlich der Linie Słupsk—Bytów—Kwidzyń, wie aus den geophysikalischen und geochemischen Anomalien ersichtlich ist. Mit zunehmender Tiefe des Beckens wächst die Mächtigkeit der es ausfüllenden Sedimente. Die jüngeren paläozoischen und die mesozoischen Sedimente wurden in der laramischen Orogenese, in der sich der Einfluß der wiederaufgelebten Tektonik des sie unterlagernden kristallinen Untergrundes zeigte, leicht gefaltet. Die sich in diesem Gebiet deutlich abzeichnenden Strukturformen der Sedimentdecke sind nur in einer Richtung angeordnet, und zwar NW—SE; ihre maximale Entwicklung liegt etwa im axialen Teil des Gebietes. Zu unterscheiden sind hier die positiven gravimetrischen Anomalien von Koszalin und Chojnice, deren Verbindung mit dem kristallinen Untergrund nicht bezweifelt werden kann, sowie in ihrer Umgebung noch zahlreiche weitere Anomalien kleinerer und größerer Ordnung. Entsprechend den Ergebnissen der gravimetrischen und magnetischen Untersuchungen ist es nicht ausgeschlossen, daß die Entstehung dieser Elemente in gewissem Maße auch durch die Bewegungen des kristallinen Untergrundes in Verbindung mit den Längs- und Querbrüchen in der dislozierten Flexurzone bedingt wurde. Nach Überschreiten der tektonischen Schwellenlinie ist ein Anwachsen des tektonischen Beanspruchungsgrades zu verzeichnen, was sich in der Aufstauchung des gefalteten Sedimentkomplexes, im Pommerschen Antiklinorium, zeigt. In dieser Zone kann man auf Grund der durchgeführten geophysikalischen und hydrochemischen Untersuchungen eine Reihe von Strukturformen unterscheiden, die genetisch vermutlich mit der in den benachbarten Gebieten durch Bohrungen festgestellten Tektonik der Salze zusammenhängen. Zu den interessantesten Strukturelementen dieses Gebiets, das zum Teil in Abb. 1 dargestellt ist, gehören die in der Umgebung von Okonek, Więcbork und Łobżenica und mehrere in der tektonischen Karte verzeichnete kleinere Einheiten. Das Aushalten der Strukturen wird im Bereich sowohl der Senke als auch des Antiklinoriums durch zahlreiche Quer- und Längsdislokationen kompliziert, die mittelbar bzw. unmittelbar mit der wiederaufgelebten Tektonik des kristallinen Untergrundes zusammenhängen.

Der gegebene Überblick des Baus läßt die Vielfalt der Formen und Arten des Vorkommens der einzelnen Strukturelemente dieses Gebiets erkennen. Die Größe dieser entsprechend dem Grad der Genauigkeit des Tatsachenmaterials und der geophysikalischen und hydrochemischen Übersichtsuntersuchungen festgestellten Elemente liegt bei einigen Zehnern und sogar Hunderten von Kilometern.

In engem Zusammenhang mit dem beschriebenen morphologischen Bau des magnetisch aktiven Untergrundes steht die Entwicklung des Sedimentkomplexes, dessen Mächtigkeit und lithofazielle Ausbildung.

Die durch die regionalen Flanken geschaffenen Verhältnisse ermöglichen eine Migration der Bitumina aus den tief abgesunkenen Zonen in die höher liegenden Schichten, wobei sie in den Gebieten, in denen strukturelle Fallen oder auskeilende Speicher auftreten, Lagerstätten bilden können. In diesen Regionen bieten die Flanken großer Erhebungen und verdeckter Aufragungen des paläozoischen Untergrundes bzw. die Randzonen größerer Senken Möglichkeiten für das Auftreten von Erdöllagerstätten.

Es ist anzunehmen, daß die Zonen, in denen Erdöl und Erdgas angehäuft sind, genetisch mit der Veränderung der Paläogeographie des Beckens und mit seiner tektonischen Entwicklung zusammenhängen. Der Einfluß der Gestalt des kristallinen Untergrundes macht sich in erster Linie in den Veränderungen der Mächtigkeit und in der lithofaziellen Ausbildung der älteren paläozoischen Gesteine des Kambriums, Ordoviciums und zum Teil des Silurs bemerkbar, die die Unebenheiten des Untergrundes, regional gesehen, in Form einzelner Blöcke und lokaler Schollen ausfüllen. Silurische Sedimente, die im Liegenden des Perm auftreten, wurden bei Łeba und Lębork in einer Teufe von etwa 700 m und 1000 m erbohrt. In den Senken wird die größte Anhäufung von Sedimenten des Kambriums und Ordoviciums anzutreffen sein, deren Mächtigkeiten jedoch in der Nähe der Erhebungen und in Richtung der regionalen Hebung des kristallinen Untergrundes geringer werden. Die Zonen, in denen in diesen Ablagerungen Bitumina angehäuft sind, können mit lokalen lithofaziellen Verhältnissen sowie mit Strukturformen, die während der vertikalen Bewegungen längs der einzelnen Spalten der Blöcke des Untergrundes (wiederaufgelebte und bedeckte Strukturen) entstanden sind, und mit großen regionalen Abdachungs- und Flexurzonen zusammenhängen. Die Entstehung der Erdöl- und Erdgaslagerstätten ist also sowohl von Strukturverhältnissen als auch von stratigraphischen Veränderungen und Schichtlücken abhängig.

Sedimente des Devons, die bis jetzt in diesem Gebiet wenig erkundet sind, wurden durch die Bohrung in Chojnice nachgewiesen, wobei die Gesamtmächtigkeit des Devons nicht durchbohrt wurde. Bitumenanzeichen wurden nicht festgestellt. Vermutlich kommen devonische Sedimente bis in die Gegend von Miastko und Czersk vor. Karbon, und zwar Unterkarbon, wurde in der Gegend von Bobolice erbohrt.

Die Sedimente des Perms sowie der höher gelegenen Glieder des Mesozoikums zeigen eine deutliche Reduktion der Mächtigkeit in Richtung der Hebung des Untergrundes, was auf eine Annäherung an die Randzone des Beckens hinweist. Eine maximale Mächtigkeit erreichen sie im Großpolnischen Gebiet. Ablagerungen des Perms wurden durch Bohrungen in Łeba, Pasłęk, Lębork, Bobolice und Chojnice nachgewiesen, wobei sie in allen Fällen eine ähnliche fazielle Ausbildung aufweisen. Mit dem Auftreten dieses Systems und besonders des Hauptdolomits verbindet man große Hoffnungen bei den Sucharbeiten, die sich auf den Nachweis von Bitumenanzeichen in den Bohrungen Łeba und Chojnice (A. TOKARSKI 1958) stützen. Beim Auftreten struktureller und stratigraphischer Erscheinungen in diesem Horizont, die von der regionaltektonischen und paläogeographischen Situation — bedingt durch die Schelfzone des Zechsteinbeckens, für die eine Mächtigkeit der Sedimente bis zu 250 m charakteristisch ist — abhängig sind, ist mit dem Vorkommen von Erdöl- und Erdgaslagerstätten zu rechnen.

Die Entwicklung des Mesozoikums im pommerschen Teil der ausgedehnten Masowischen Senke ist durch bedeutende Mächtigkeiten der Sedimente der Trias, des Jura und der Kreide gekennzeichnet. Nach Südwesten nimmt die Mächtigkeit der Sedimente mit der Vertiefung des Beckens allmählich zu, da sie sich unmittelbar mit den Tiefensedimenten Großpolens vereinigen.

Die Möglichkeiten für das Auftreten von Erdöl- und Erdgaslagerstätten in den mesozoischen Formationen stehen in Zusammenhang mit der lithofaziellen Ausbildung im Bereich der strukturellen Schelfe und sind von den lokalen tektonischen Strukturen abhängig. Innerhalb der lokalen tektonischen Strukturen müssen sowohl die Gebiete ausgeschieden werden, in denen die Sedimente gefaltet wurden (südlicher Teil der Masowischen Senke, Pommersches Antiklinorium), als auch die Gebiete, in denen ein mögliches Auftreten von Strukturen die Unebenheiten des Untergrunds widerspiegeln wird in Form von wiederaufgelebten Strukturen bzw. Strukturen, die mit jüngeren geologischen Prozessen im kristallinen Untergrund verbunden sind, die Einfluß auf die Veränderungen im Bau der sie überdeckenden Sedimente haben (nordöstlicher Teil des Gebiets). Unter ihnen muß man ausgedehnte und flache Strukturformen mit kleinen Amplituden und geringer Neigung der Flanken vermuten. Bei diesen Strukturverhältnissen wird das Auftreten von Erdöl- und Erdgaslagerstätten hauptsächlich von lithologischen Faktoren abhängig sein (Auskeilen der Schichten, Veränderungen der Porosität, Diskordanzen usw.), wobei die Akkumulation der Bitumina nicht mit den Achsenkulminationen der Erhebungen zusammenhängen muß.

Im Hinblick auf den Randcharakter des Sedimentationsbeckens ist auch das Auftreten von Riffen in Betracht zu ziehen, die große Möglichkeiten bei den Sucharbeiten bieten.

Die Sedimente der Trias haben in diesem Gebiet vorwiegend kontinentalen Charakter, daher weisen sie auch keine Muttergesteine für das Auftreten bituminöser Lagerstätten auf. Lediglich die sandigen Schichten des Keupers unter der tonigen Decke können gute Speicher für migrierende Bitumina sein. Die Sedimente des Jura bilden auf Grund ihrer marinen Ausbildung (Sandsteine, oolithischer Kalk und Riffkalk) und der Lagerungsverhältnisse größere Möglichkeiten für eine Erdöl- und Erdgasführung. Neben dem strukturellen Faktor, den Faltenstrukturen und den wiederaufgelebten tektonischen Elementen müssen auch die mit der Randzone des Jurabereichs zusammenhängenden stratigraphischen Verhältnisse (Auskeilen, Faziesänderungen, Schichtlücken) berücksichtigt werden. Die bisherige geringe lithologisch-fazielle Erkundung der einzelnen Horizonte macht eine genaue Klassifikation nach der Perspektivität unmöglich. Die Bohrergebnisse zeigen, daß die Aufmerksamkeit mehr auf die Ablagerungen des Dogger und Malm gerichtet werden müßte, wobei die genaue Typisierung der perspektivischen Horizonte erst nach einer eingehenden Erkundung ihrer Beschaffenheit in diesem Gebiet erfolgen kann.

Zusammen mit den Sedimenten des Jura müssen die Ablagerungen der Unterkreide, besonders im südlichen Teil der Senke, in dem sie die größte Mächtigkeit erlangen, untersucht werden. Bisher fehlen jedoch bedeutendere Bitumenanzeichen, aber die in den Bohrungen gefundenen Anzeichen lassen ein Auftreten der Bitumina in dispergierter Form annehmen. Die Sedimente der Oberkreide wiesen dagegen in diesem Gebiet keine bedeutenden Bitumenspuren auf.

Außer den in diesem Gebiet auftretenden strukturellen Faktoren sind die bisher nur wenig erforschten lithofaziellen Veränderungen von großer Bedeutung für das Auftreten von Bitumenlagerstätten.

In Anbetracht der Bedingungen für das Auftreten der Sedimente im nichtgefalteten Teil muß man annehmen, daß die Migrationsprozesse nicht dynamisch verlaufen, wie es gewöhnlich in gefalteten Gebieten der Fall ist. Man muß damit rechnen, daß die Migration hier langsamer verläuft und ihre Reichweite begrenzter ist. Daher können sogar die sich schwach abhebenden flachen Strukturformen bzw. die lokalen Veränderungen der Permeabilität von großer Bedeutung bei der Entstehung von Fallen für Erdöl- und Erdgaslagerstätten sein. Da der Einfluß des tektonischen und hydraulischen Faktors hier geringer ist als unter geosynklinalen Verhältnissen, besteht in diesem Gebiet die Möglichkeit, daß in Sedimenten verschiedenen Alters bei entsprechender Entwicklung und Ausbildung bedeutende Erdöl- und Erdgasakkumulationen erhalten geblieben sind. Zu den günstigsten Gebieten gehören diejenigen im Bereich der regionalen Flexur- und Abdachungszonen und im Grenzland der einzelnen Sedimentationsbecken.

Die Kenntnis über die Erdölführung dieses Gebiets, die durch regionale und lokale strukturelle Faktoren bedingt ist, wird durch die Ergebnisse der hydrochemischen Untersuchungen erweitert. Diese Daten ergänzen die strukturellen Hinweise, indem sie gleichzeitig zusätzliche chemische Indikatoren, die typisch für die Bestimmung der Perspektiven der Erdölführung sind, darstellen, obgleich sie nicht von vornherein über das Auftreten von Erdöllagerstätten entscheiden. Indem man sie in Verbindung mit den erwähnten strukturellen Fakten berücksichtigte, konnte man provisorisch die für eine Erdöl- und Erdgasführung günstigsten Gebiete festlegen. Infolge des spezifischen geologischen Baus im nordöstlichen Teil Pommerns muß hier eine besondere Methodik bei den Sucharbeiten angewandt werden. Dabei ist zu berücksichtigen, daß das Entstehen von Erdöl- und Erdgaslagern außer von strukturellen Faktoren in großem Maße auch von den verschiedenartigen lithofaziellen Veränderungen abhängt, die zur Bildung von stratigraphischen Lagerstätten führen. Bei ihrem Aufsuchen müßten geochemische Methoden angewendet werden, die hier die Möglichkeiten der geophysikalischen Methoden übertreffen.

Die Lösung dieser umfangreichen geologischen Suchprobleme ist ein erster Schritt auf dem Wege zur eingehenden Erkundung ihrer eigentlichen strukturellen und lithofaziellen Verhältnisse. Weitere Untersuchungen zur Klärung der Entwicklungsgeschichte in den einzelnen geologischen Etappen und die Erkundung des lithofaziellen Charakters würden das Auffinden von Erdöl- und Erdgaslagerstätten wesentlich fördern.

Schlußfolgerungen

Mit Hilfe geophysikalischer und hydrochemischer Untersuchungen und ihrer komplexen Interpretation konnte man den Charakter des geologischen Baus des Gebiets zwischen Koszalin und Gdańsk annähernd bestimmen.

Die Fakten, über die man verfügt, gestatten keine eindeutige und erschöpfende Lösung des Hauptproblems, d. h. die Deutung aller Einzelheiten des speziellen Baus dieses Gebiets. Daher haben die in Form eines tektonischen Schemas und allgemeiner Voraussetzungen für die Erdölführung gemachten geologischen Schlußfolgerungen in dieser Arbeit bis zum gewissen Grade hypothetischen Charakter. Sie müssen durch weitere Untersuchungsarbeiten berichtigt und präzisiert werden. Unabhängig von der endgültigen Einschätzung und der Richtigkeit der angenommenen Interpretationen ist hervorzuheben, daß eine deutliche Verbindung und Abhängigkeit zwischen den nachgewiesenen geophysikalischen und hydrochemischen Anomalien besteht, die sich sowohl im Charakter und in der Intensität als auch in der Form abheben.

Da auf diese Weise eine Grundlage für die eigentliche Einschätzung der geologischen Fakten bzw. für eine annähernde Festlegung der Eindeutigkeit der Quelle, die das natürliche Kräftefeld stört, geschaffen wurde, wird die Deutung der Ursachen der beobachteten Störungen, die in einigen Fällen durch seismische Untersuchungen bzw. Bohrungen bestätigt wurden, erleichtert.

Die erstmalig im regionalen Untersuchungsmaßstab angewandte hydrochemische Methode hat sich bei der komplexen geologischen Interpretation geophysikalischer Untersuchungen und bei der Erforschung des regionalen Baus bewährt.

Die gewonnenen Ergebnisse bilden die Grundlage für die Aufstellung eines Prospektionsplanes. Außerdem geben sie die Möglichkeit, annähernd die Tiefe der Ablagerungen festzustellen, die für die Gewinnung von weiteren geologischen Einzelheiten sowie von Informationen über die Erdölführung dieses Gebiets erkundet und prospektiert wurden.

Abgesehen von den erwähnten Vorbehalten erweitern die gewonnenen Ergebnisse die theoretischen Kenntnisse über die unbekannten Elemente des geologischen Baus. Sie ermöglichen die Bestimmung der Hauptelemente und eine vorläufige Aufstellung der tektonischen Einheiten mit Ausscheidung der am meisten versprechenden Suchgebiete.

Die erforschte geologische Situation zeigt, daß Gebiete mit regionalen Flanken, den geophysikalischen Zonen großer Gradienten entsprechen, und mit überdeckten Erhebungen des paläozoischen Untergrundes sowie Randgebiete von Senken zu den aussichtsreichsten Suchgebieten gehören, in denen regionale Anhäufungszonen von Erdöllagerstätten ausgeschieden werden können.

Die gewonnenen Ergebnisse bestimmen die Art der weiteren Untersuchungen, die die Feststellung der faziellen Phasen der geotektonischen Entwicklung des Untergrundes in bestimmten Etappen der geologischen Geschichte zum Ziele haben sollten, da sich in Abhängigkeit von ihnen die Mächtigkeit und Fazies ändern und sich regional verbreitete Strukturen bilden.

Zusammenfassung

Verf. gibt einen regionalen Überblick über die Tektonik Nordwestpolens auf der Grundlage geophysikalischer und hydrochemischer regionaler Untersuchungen. Aus den Ergebnissen werden Schlußfolgerungen auf die Erdöl- und Erdgashöffigkeit abgeleitet und Hinweise zur Erkundung gegeben.

Резюме

Автор дает региональный обзор о тектонике Северо-западной Польши на основе региональных геофизических и гидрохомических измерений. Даются выводы из результатов по перспективности нефтегазоносности, а дальше — указания для разведочных работ.

Summary

The author gives a regional review of the tectonics of Northwest Poland on the basis of geophysical and hydrochemical regional measurements. Conclusions are derived from the results obtained with regard to petroleum and natural gas prospects, and informations are given dealing with reconnaissance works.

Literatur

Areń, B. & St. Pawłowski: Die Küstenzone der Osteuropäischen Plattform. — Entwurf der geologischen Voraussetzungen für allgemeine Untersuchungen, Teil III, Geol. Inst. Warszawa, 1958.

Brockkamp, B.: Zum Bau des tieferen Untergrundes in Nordostdeutschland. — Jb. Reichsstelle Bodenforsch., Bd. 61, Berlin 1944.

Dabrowski, A.: Der Bau des tieferen Untergrundes Westpolens im Bild der Ergebnisse geophysikalischer Untersuchungen. — Kwartalnik Geologiczny, Bd. 1, Nr. 11 (1957).

— Magnetische Übersichtskarte Polens. Maßstab 1:300000. Vorläufige Ausgabe. Blätter: Słupsk, Gdańsk, Toruń, Bydgoszcz, Kołobrzeg. — Hrsg. vom Geol. Inst. 1956.

Dahlgrün, E. & O. Seitz: Die Bohrung Leba in Pommern. — Jb. preuß. geol. Landesanst., Bd. 63, Berlin 1944.

Dickenstein, G. C.: Die Erdöl-Erdgasführung der unterpaläozoischen Ablagerungen des nordwestlichen Teils der Russischen Plattform. — Geologija, Nr. 7, 1957 (russ.).

Głogoczowski, J. & J. Gumułka: Erste Interpretation der hydrochemischen Aufnahme in der Umgebung von Lębork. — Archiwum IN, Kraków 1957.

Gumułka, J.: Hydrochemische Aufnahme im Gebiet von Chojnice-Kartuzy-Łeba, Teil I. — Archiwum IN, Kraków 1958.

— Hydrochemische Aufnahme im Gebiet von Koszalin, Szczecinek, Chojnice, Bydgoszcz. T. II. — Archiwum IN, Kraków 1959.

— Hydrochemische Untersuchungen in Pommern zwischen Koszalin und Gdańsk. — Nafta, Nr. 3, 1960.

Kaczkowska, Z.: Gravimetrische Karte Polens. Maßstab: 1:300000. Vorläufige Ausgabe. Blätter: Słupsk, Gdańsk, Toruń, Bydgoszcz, Kolobrzeg. — 1957.

Olewicz, Z.: Sedimentations- und Strukturbecken Polens. — Prace Inst. Naft., Nr. 63, Katowice 1958.

Pawłowski, St.: Magnetische Anomalien in Polen. — Biul. Państw. Inst. Geol., Nr. 44, Warszawa 1947.

— Einige geophysikalische Probleme in Polen. — Biul. Państw. Inst. Geol., Warszawa 1952.

— Magnetische Untersuchungen in den Jahren 1941—1944. — Biul. Państw. Inst. Geol., Warszawa 1953.

Pożaryski, W.: Geologische und strukturelle Einteilung Polens als Grundlage für Untersuchungen. — Przegląd Geologiczny, Nr. 6, Warszawa 1956.

Skorupa, J.: Die Morphologie des magnetisch aktiven Untergrundes und des regionalen Untergrundes Nordostpolens. — Biul. 160, Państw. Geol. Inst., geophysik. Serie, Nr. 19, Warszawa 1959.

Tokarski, A.: Zechstein-Profil von Chojnice. — Kwartalnik Geologiczny, Warszawa 1958.

A. A. CHANIN

Bestimmungsmethoden der Speichereigenschaften von Gesteinen[1]

Referiert von HANS-JÜRGEN TESCHKE, Berlin

Hauptkennwerte für die Speichereigenschaften von Gesteinen sind Porosität und Durchlässigkeit. Ihr Wert hängt ab von der absoluten Größe, von der Form und vom Sortierungsgrad der klastischen Bestandteile, vom Verfestigungsgrad des Sedimentes sowie von der Gestalt und der Verteilung der Poren.

Allgemein werden folgende Arten der Porosität unterschieden:

1. Die Gesamtporosität (absolute oder physikalische Porosität) setzt sich zusammen aus dem Volumen aller Gesteinshohlräume (Poren, Kavernen, Spalten). Sie wird ausgedrückt durch das Verhältnis zwischen dem Raumgewicht einer Probe und dem spezifischen Gewicht des zerkleinerten Gesteins.

2. Die offene oder freie Porosität ergibt sich aus dem Gesamtvolumen aller miteinander in Verbindung stehenden Poren. — In Sanden sind die Werte der Gesamtporosität und offenen Porosität annähernd gleich; in Kalken, tuffartigen Gesteinen u. ä. mit zahlreichen isolierten Poren zeigen sie dagegen wesentliche Unterschiede.

3. Die effektive (nutzbare) Porosität ergibt sich aus der freien Porosität abzüglich des Restwassers. Nach Auffassung des Autors wird als effektive Porosität gasführender Gesteine der mit Gas eingenommene Anteil der offenen Porosität verstanden.

Die Bestimmung der Restwassermenge hat nicht nur für die Klärung der tatsächlichen Öl- und Gasvorräte, sondern auch für Fragen der Fördertechnik große Bedeutung. Da der direkten Restwasserbestimmung technische Schwierigkeiten entgegenstehen, wurden verschiedene Laboratoriumsmethoden entwickelt. Bei der Zentrifugierung wird das freie Wasser aus der Gesteinsprobe ausgepreßt. Eine von E. S. MESSER (1951) vorgeschlagene Verdampfungsmethode gründet sich auf die bei der Verdampfung des Wassers in den Gesteinsporen entstehenden Kräfte. Bei der Methode der kapillaren Resorption werden das freie Wasser und ein Teil des kapillaren Wassers einer Probe mit Hilfe von Kapillarkräften entfernt und daraus die Restwassermenge rechnerisch bestimmt. Die graphisch-rechnerische Methode (A. A. CHANIN 1960) benutzt das Verhältnis zwischen effektiver Porosität und Durchlässigkeit.

Aus entsprechenden Untersuchungen geht hervor, daß für jede Korngrößengruppe eine bestimmte Abhängigkeit zwischen den Werten der effektiven Porosität und Durchlässigkeit besteht.

Petrographische Untersuchungsmethoden haben zunächst zu klären, ob es sich um einen primären, d. h. während der Sedimentation entstandenen, oder um einen sekundären, durch chemische Lösung entstandenen, Porenraum handelt. Für Aussagen über Speicher- und Filtrationseigenschaften sind ferner Sortierungs- und Abrollungsgrad der klastischen Bestandteile sowie Zusammensetzung und Struktur des Bindemittels von Interesse.

[1]) Aus: „Sowjetskaja Geologija", Nr. 9, 1960, S. 26—35.

Häufig sind Speichergesteine mit gleicher offener Porosität, aber unterschiedlicher Durchlässigkeit anzutreffen. Da aus den Werten der offenen Porosität allein die Filtrationseigenschaften gewöhnlich nicht abzuleiten sind, müssen die Struktur des Porenraumes, das Verhältnis der Porendurchmesser sowie die Porenform bestimmt und zur Berechnung herangezogen werden.

Schwierig gestaltet sich die Bestimmung des Speichervermögens eines Gesteins sowie dessen effektiver Porosität dort, wo geringmächtige sandige und tonige Schichten wechsellagern. Geophysikalische Methoden brachten noch keine befriedigenden Ergebnisse, da die Sondengrößen die Mächtigkeiten der einzelnen Schichten z. T. wesentlich überschreiten. Gemittelte Daten, wie sie sich bei der Bestimmung der Porosität und des Restwassers einer Wechsellagerung (Tone und Sandzwischenlagen) ergeben, können die Speichereigenschaften gas- oder ölführender Gesteine ebenfalls nicht charakterisieren, weil der Gehalt an Restwasser von der Anzahl der Tonzwischenmittel in einem Profil abhängt.

Verteilung und Bewegung von Flüssigkeiten unterliegen in porösen Kalken und in Sandsteinen allgemein den gleichen Gesetzmäßigkeiten, obwohl sich die Porensysteme beider Speichergesteine geometrisch und genetisch voneinander unterscheiden. Auf Grund petrographischer Untersuchungen an karbonatischen Gesteinen und auf Grund des Charakters der Porensysteme lassen sich drei Typen der Porosität unterscheiden: intergranulare Porosität, intrakristalline Porosität sowie Spaltenporosität. Für viele Fragen kann auch eine Unterscheidung zwischen primärer und sekundärer Porosität von Interesse sein.

Zur Bewertung eines Gesteins als Öl- oder Gasspeicher wird eine Klassifizierung sandig-aleuritischer Speichergesteine empfohlen, die sich auf eine funktionelle Abhängigkeit zwischen effektiver Porosität und Durchlässigkeit von Gesteinen verschiedener Korngrößenzusammensetzung gründet. Diese Einteilung vermag die bisherigen genetischen und morphologischen Gliederungen zwar nicht zu ersetzen, wohl aber wesentlich zu ergänzen.

Literatur

ANTONOW, D. A. & W. M. BERESIN: Eine neue Bestimmungsmethode des Restwassergehaltes in Gesteinsproben. — Tr. UFNII, wyp. II, Gostoptechisdat 1957.

CHANIN, A. A.: Zur Frage der Bestimmung der Speichereigenschaften nichtverfestigter Sandsteine. — Tr. WNIIGASa, wyp. 4 (12), Gostoptechisdat 1958.

— Die Restwasserbestimmung nach den Werten der Durchlässigkeit. — Sb. trudow WNII, wyp. V, Gostoptechisdat 1954.

— Die Bestimmung der Gas- und Ölsättigungskoeffizienten von Gesteinen. — Raswedka i ochrana nedr, Nr. 1, 1960.

KALINKO, M. K.: Einige Fragen zur Klassifizierung von Öl- und Gasspeichergesteinen und deren Erkundung. — Sb. trudow WNIGRI, Nr. 2 (VIII). Geologija i geochimija, Gostoptechisdat 1958.

MESSER, E. S.: Interstitial water determination by an evaporation method. — Trans. A. I. M. E., 1951.

SMIRNOWA, N. W.: Bindemitteltypen und ihr Einfluß auf die Durchlässigkeit sandiger Gesteine. — Geologija nefti i gasa, Nr. 7, 1959.

Klassifikation der Lagerstättenvorräte an Erdöl und Erdgas

1. DDR-Klassifikation für Erdöl und Erdgas
vom 3. Mai 1961

INHALT

---

1. Klassifikationsgrundsätze

1.1 Die in Erdöl- und Erdgaslagerstätten vorhandenen Vorräte an Erdöl und Erdgas werden nach ihrer Eignung (zum Zeitpunkt ihrer Berechnung) für eine volkswirtschaftliche Nutzung in Vorratsgruppen eingeteilt. Nach dem Erforschungsgrad der Vorräte und der Lagerstätte werden die Vorratsgruppen in Vorratsklassen unterteilt.

1.2 Es werden die Vorratsgruppen Bilanzvorräte und Außerbilanzvorräte (Bilanz- und Außerbilanzvorräte = Reserven) unterschieden. Sie bilden mit den prognostischen Vorräten die volkswirtschaftlichen Gesamtvorräte (Ressourcen).

1.3 Die Bilanzvorräte und die Außerbilanzvorräte werden in je vier Klassen unterteilt. Die Klassen der Bilanzvorräte erhalten die Bezeichnungen A, B, C_1 und C_2; die Klassen der Außerbilanzvorräte die Bezeichnungen a, b, c_1 und c_2. Die prognostischen Vorräte werden in die Untergruppen δ_1 und δ_2 unterteilt.

1.4 Der Erforschungsgrad einer Erdöl- oder Erdgaslagerstätte und ihrer Vorräte wird charakterisiert:

1.41 durch die Art der durchgeführten Erkundungsarbeiten (geologische Kartierungen, geophysikalische Messungen, Bohrungen u. a.) und deren Umfang;

1.42 durch die Auswertung der unter 1.41 erhaltenen Unterlagen. Hierzu gehören u. a. die Klärung des geologischen Baus der Lagerstätte, die allseitige Untersuchung der stofflichen Zusammensetzung des Rohstoffes und seiner physikalischen und physikochemischen Eigenschaften, die Feststellung der vorhandenen Rohstoffarten und ihre Verbreitung in der Lagerstätte;

1.43 durch die einwandfreie Charakteristik jener Faktoren, welche die Technologie der Förderung (Gewinnung) und Verarbeitung des Erdöls und Erdgases bestimmen.

1.5 Die Eigenschaften des Rohstoffes sind durch chemische, physikalische und physikochemische Untersuchungen von Proben und technologischen Ergebnissen der nachfolgenden Produktion zu bestimmen.

1.6 Die Konditionen für die Berechnung der Erdöl- und Erdgasvorräte werden von dem zuständigen Organ der Staatlichen Plankommission auf Grund technisch-ökonomischer Untersuchungen festgelegt.

1.7 Es sind alle in der Lagerstätte vorhandenen Vorräte an Erdöl und/oder Erdgas zu berechnen.
Dabei sind alle in ihnen enthaltenen wertvollen Begleitkomponenten (Helium u. a.) sowie Kondensat zu berechnen und zu erfassen. Bei den Bilanzvorräten ist der erwartete Gewinnungskoeffizient anzugeben, der vom Erkundungsbetrieb vorgeschlagen und von der Staatlichen Plankommission bestätigt wird. Neben den Gesamtbilanzvorräten ist die Summe der ausbringbaren Vorräte anzugeben.

1.8 Erdölvorräte sind in 1000 Tonnen (kt), Erdgasvorräte in Millionen Kubikmetern (M m^3), reduziert auf Standardbedingungen, zu berechnen.

1.9 Die „Klassifikation der Lagerstättenvorräte an Erdöl und Erdgas" wird auf die einzelnen Erdöl- und Erdgaslagerstättentypen nach der entsprechenden Instruktion der ZVK angewandt.

2. Vorratsgruppen

2.1 Bilanzvorräte sind solche Lagerstättenvorräte an Erdöl und Erdgas, die durch Untersuchungsarbeiten nachgewiesen wurden und die den derzeitigen industriellen Anforderungen (Konditionen) für Förderung und Verarbeitung entsprechen.

2.2 Außerbilanzvorräte sind solche Lagerstättenvorräte an Erdöl und Erdgas, die durch Untersuchungsarbeiten nachgewiesen wurden, den derzeitigen industriellen Anforderungen (Konditionen) für Förderung und Verarbeitung nicht entsprechen, jedoch als Objekt einer zukünftigen industriellen Nutzung betrachtet werden können.
Hierzu gehören:
a) Vorräte beschränkten Umfanges,
b) Vorräte schlechter Qualität des Erdöls und/oder Erdgases,
c) Vorräte, die durch Sonden mit geringer Förderung aus Schichten gewonnen werden können,
d) Vorräte, die nur unter besonders komplizierten Förderungsbedingungen gewonnen werden können.

2.3 Prognostische Vorräte sind solche Lagerstättenvorräte, die durch Untersuchungsarbeiten noch nicht nachgewiesen wurden, jedoch auf Grund geologisch-geophysikalisch begründeter Annahmen in neuen höffigen Gebieten, Strukturen oder Stockwerken zu erwarten sind, wobei unterstellt wird, daß sie den derzeitigen industriellen Anforderungen (Konditionen) für Bilanzvorräte entsprechen.

3. Vorratsklassen

3.1 Erdöl- und Erdgasvorräte in Lagerstätten und einzelnen Lagern gehören zur

3.11 Klasse A (und a), wenn sie auf solchen Flächen eingehend erkundet wurden, die durch Bohrungen mit industriellen Zuflüssen von Erdöl und/oder Erdgas umgrenzt werden. Außerdem müssen Angaben von Großproduktionsversuchen vorliegen. Die Lagerungsverhältnisse, der Charakter der Veränderungen der Speichereigenschaften der produktiven Horizonte, die Erdöl- und Gassättigung der produktiven Schichten, die qualitative und quantitative Zusammensetzung des Erdöls und Erdgases und andere Berechnungsparameter — z. B. die Lage des Öl-Wasser-Spiegels — sowie die wichtigsten Merkmale, die die Förderbedingungen bestimmen (Schichtenregime, Produktivität der Sonden, Druck, Durchlässigkeit der Speichergesteine) müssen auf Grund der Erkundungs- und Untersuchungsarbeiten erforscht sein.
Vorräte in klüftigen Speichern (Kluftlagerstätten) können — selbst wenn alle Bedingungen der Klasse A erfüllt wurden — infolge der Kompliziertheit solcher Speicher nur in die Klasse B eingestuft werden;

3.12 Klasse B (und b), wenn sie für eine Fläche berechnet wurden, deren industrielle Erdöl- und Erdgasführung durch Bohrungen mit günstigen Meßergebnissen nachgewiesen wurde und auf der durch mindestens zwei Bohrungen, die das Lager auf verschiedenen Isohypsen erschlossen haben, ein industrieller Zufluß von Erdöl und/oder Erdgas erhalten wurde. Die Lagerungsverhältnisse, der Charakter der Veränderung der Speichereigenschaften, die Erdöl- und Gassättigung der produktiven Schichten und andere Berechnungsparameter sowie die wichtigsten Merkmale, die die Bedingungen für die Exploitation der Lagerstätte charakterisieren, sind im wesentlichen erforscht. Die chemische Zusammensetzung des Erdöls und Erdgases ist bestimmt worden.
Bei Lagerstätten, die an ungestörte oder schwach gestörte Strukturen und lithologisch homogene Schichten einfachen Aufbaus gebunden sind, gehören unter den obengenannten Verhältnissen solche Vorräte zur Klasse B, die innerhalb der Isohypse liegen, die durch den tiefsten Punkt der Schicht führt, in dem durch eine Bohrung ein industrieller Erdöl- oder Erdgaszufluß nachgewiesen wurde.
Bei Lagerstätten mit kompliziertem geologischem Bau und schroffen lithologischen Veränderungen des Speichergesteins gehören zur Klasse B Vorräte, die auf einer Fläche berechnet werden, die durch Bohrungen

mit positiven Ergebnissen und mit günstigen Bohrlochmeßergebnissen umgrenzt wird;

3.13 Klasse C_1 (und c_1), wenn sie für eine Fläche berechnet werden, für die wenigstens eine Bohrung einen industriellen Zufluß an Erdöl und/oder Erdgas erbracht hat. Zu dieser Klasse gehören auch Vorräte einzelner Blöcke und Felder, die an Flächen mit Vorräten höherer Klassen angrenzen, wenn von mindestens drei Bohrungen günstige Bohrlochmeßergebnisse vorliegen. Die Speichereigenschaften der produktiven Schichten und die Berechnungsparameter können aus den benachbarten Flächen übernommen werden.
Außerdem gehören hierzu Vorräte auf Flächen, die wie B erkundet wurden, innerhalb derer jedoch schroffe lithologische Veränderungen oder Auskeilen des produktiven Horizontes festgestellt wurden und in denen die Produktivität durch die niedergebrachten Bohrungen nur unzureichend bestätigt wurde;

3.14 Klasse C_2 (und c_2), wenn sie auf Grund von Analogieschlüssen für noch ungenügend erkundete Flächen berechnet wurden, die an Vorräte höherer Klassen angrenzen; außerdem gehören hierzu Vorräte in noch nicht abgebohrten Strukturteilen, wenn in den benachbarten Strukturteilen eine Erdöl- und/oder Erdgasführung nachgewiesen ist und auf den nicht abgebohrten Flächen die geologische Voraussetzung für eine Erdöl- oder Erdgasführung gegeben ist.

3.15 Untergruppe δ_1, wenn sie für nichterkundete Flächen von Großstrukturen, Becken, Gebieten, Formationen usw. berechnet wurden und das Aushalten von — in anderen Gebieten — erdöl-erdgas-führenden Schichten bewiesen sowie der Rohstoff (Erdöl oder Erdgas) mindestens in einem Punkt nachgewiesen wurde;

3.16 Untergruppe δ_2, wenn sie für nichterkundete Flächen von Großstrukturen, Becken, Gebieten, Formationen usw. berechnet wurden und das Aushalten von — in anderen Gebieten — erdöl-erdgas-führenden Schichten vermutet wird, der Rohstoff jedoch noch nicht nachgewiesen wurde.

3.2 Die Einordnung der Erdöl- und Erdgasvorräte in eine der vorgenannten Klassen ist von der Erfüllung aller für sie gestellten Bedingungen abhängig. Bei Nichterfüllung einer einzigen müssen die Vorräte in die entsprechende niedrigere Klasse eingestuft werden.

3.3 Die Bilanzvorräte an Kondensat, Helium und anderen Begleitkomponenten, darunter auch die ausbringbaren und die Außerbilanzvorräte, gehören zu den gleichen Klassen, zu denen die Gasvorräte gehören, die diese Begleitkomponenten enthalten.

4. Volkswirtschaftliche Bedeutung der Erdöl- und Erdgasvorräte

4.1 Bilanzvorräte

4.11 Die Bedeutung der Bilanzvorräte für die Planung der Förderung, die Projektierung und Investitionen für fördertechnische und industrielle Bauten wird nach folgenden Gesichtspunkten festgelegt:

4.111 Bei der Ausarbeitung von Projekten für fördertechnische und industrielle Anlagen sind alle ausbringbaren Bilanzvorräte, d. h. der Klassen $A + B + C_1 + C_2$, zugrunde zu legen.

4.112 Die Bereitstellung von Mitteln für Investitionen erfolgt auf der Basis der ausbringbaren Bilanzvorräte in den Klassen $A + B + C_1$. Dabei müssen von der Summe dieser Vorräte mindestens 20% den Klassen $A + B$ angehören.

4.113 Die Planung der Förderung erfolgt auf der Grundlage jenes Teiles der Vorräte in den Klassen $A + B$, der durch fördernde Sonden bereits erfaßt ist bzw. durch geplante neue Produktionssonden erfaßt werden wird.

4.114 Die Vorräte der Klasse C_2 berechtigen, wenn keine Vorräte höherer Klassen vorliegen, nur zu geologischen und geophysikalischen Erkundungsarbeiten und zur Perspektivplanung des Industriezweiges.

4.115 Die Staatliche Plankommission kann in Einzelfällen unter 4.111 bis 4.114 getroffene Festlegungen nach Anhören der ZVK außer Kraft setzen und die Projektierung, Bereitstellung von Mitteln und Planung der Förderung durch Ausnahmegenehmigung auf anderer Vorratsgrundlage gestatten.

4.12 Die Übergabe von Lagerstätten oder einzelnen Teilfeldern für die industrielle Nutzung kann dann erfolgen, wenn das unter 4.112 genannte Vorratsverhältnis vorliegt. Eine Ausnahme bilden Lagerstätten mit kompliziertem Bau, bei denen nach eingehender Erkundung eine Ausweisung von Vorräten der Klassen A und B nicht möglich ist. Bei solchen Lagerstätten können die Vorräte der Klasse C_1 nur dann der industriellen Nutzung zugeführt werden, wenn eine Versuchsausbeutung (Probeförderung) erfolgte und wenn die Lagerstätteneigenschaften, die Qualität des Erdöls oder Erdgases, die Technologie der Gewinnung und Verarbeitung dieser Vorräte so untersucht wurden, wie das sinngemäß unter 4.112 gefordert wurde.

4.2 Außerbilanzvorräte berechtigen zu finanziellen Aufwendungen für Untersuchungs- und Forschungsarbeiten, die auf die Erarbeitung neuer oder die Verbesserung bestehender Verfahren der Gewinnung und Verarbeitung von Erdöl und Erdgas gerichtet sind.

4.3 Prognostische Vorräte dienen zur Einschätzung der volkswirtschaftlichen Perspektive und als Grundlage für geologische und geophysikalische Such- und Erkundungsarbeiten sowie die Bereitstellung der hierfür benötigten Mittel.

5. Inkrafttreten

Diese Klassifikation der Lagerstättenvorräte an Erdöl und Erdgas tritt mit dem Tage ihrer Bestätigung in Kraft.

Berlin, den 3. Mai 1961

ZENTRALE VORRATSKOMMISSION
FÜR MINERALISCHE ROHSTOFFE
Der Vorsitzende
Stammberger

Die erdmagnetische Regionalvermessung des Granulitgebirges und des Frankenberger Zwischengebirges

Mitteilung aus dem VEB Geophysik

MARTIN LEHMANN, Leipzig

1. Vorbemerkungen

Das Sächsische Granulitgebirge war schon mehrfach, insbesondere durch SCHEUMANN und seine Mitarbeiter, geologisch untersucht worden. Eine petrotektonisch-petrographische Übersicht der Gesteine und Gesteinsverbände des Granulitgebirges gibt SCHEUMANN 1954 sowie schon in früheren Arbeiten (1935, 1936, 1940, 1954).

Auch geophysikalische Untersuchungen, vor allem erdmagnetische Messungen, wurden seit 1950 in verschiedenen Teilgebieten des Granulitgebirges durchgeführt. Diese Untersuchungen erfolgten im Zusammenhang mit der geologischen Erkundung von Nickelhydrosilikatlagerstätten im Bereich der Serpentinitvorkommen von Kuhschnappel, Callenberg, Reichenbach, Limbach, Burgstädt, Hartmannsdorf, Waldheim, Böhringen und Siebenlehn durch die Staatliche Geologische Kommission (JUBELT 1953, 1953/54, 1954). Die Ergebnisse der magnetischen Messungen sind in Abschlußberichten des VEB Geophysik aus den Jahren 1951—1953 durch LAUTERBACH (1952, 1953) dargestellt. Über das Ergebnis weiterer magnetischer Spezialmessungen des VEB Geophysik aus dem Jahre 1959 liegen Berichte von POHLERS (1959, 1960) und WAGNER

(1960) vor. BREMER (1959) teilt Ergebnisse der Gravimetermessungen aus dem Frankenberger Zwischengebirge mit.

Was bisher fehlte, war eine erdmagnetische Regionalvermessung des gesamten Granulitgebirges und seiner angrenzenden Gebiete. Die Ursache dafür sind nicht zuletzt Schwierigkeiten in der Meßtechnik, die bei derartigen Untersuchungen dann auftreten, wenn kristalline Gesteine anstehen oder unter nur geringer Bedeckung liegen. Bei der Vermessung eines schachbrettförmigen Punktnetzes mit einem Abstand der Meßpunkte von 1 km und mehr, wie es im norddeutschen Flachland üblich war, erhält man keine repräsentativen Werte. Die so gewonnenen Störwerte sind vielmehr weitgehend abhängig von der Lage des Meßpunktes zu kleineren Vorkommen magnetisch wirksamer Gesteine. Eine Vermessung mit einem schachbrettförmigen Punktnetz von 100 bis 200 m ist sehr kostspielig. Zum anderen werden damit so viele kleinräumige lokale Störungen erfaßt, daß ihre Darstellung im Maßstab 1 : 25000 und vor allem im Maßstab 1 : 100000 nicht möglich ist.

Bei der vorliegenden Untersuchung wurde zunächst versucht, durch eine Vermessung längs Wegen mit einem Punktabstand von 100 bis 200 m ein möglichst wirklichkeitsnahes Isanomalenbild zu erhalten. Von Nachteil bei diesem Meßverband ist die große Entfernung zwischen den Punkten benachbarter Profile. Aus diesem Grunde erfolgte die Vermessung der neun östlichen Meßtischblätter mit einem schachbrettförmigen Punktnetz bei einem Punktabstand von 400 bis 600 m. Die dabei aufgefundenen größeren Anomalien sind besonders hinsichtlich ihrer Streichrichtung durch Profile weitgehend gesichert. Auch auf den Blättern im westlichen Teil ist die Isanomalenführung durch die Vermessung zusätzlicher Punkte verbessert worden.

Die Geländearbeiten wurden im Gebiet folgender Meßtischblätter durchgeführt:

Regis-Breitingen (4940)	Frohburg (4941)	Rochlitz (4942)	Gerings-walde (4943)	Waldheim (4944)	Roß-wein (4945)
Altenburg (5040)	Langen-leuba (5041)	Burgstädt (5042)	Mittweida (5043)	Franken-berg (5044)	Lang-henners-dorf (5045)
Meerane (5140)	Glauchau (5141)	Hohenstein-Ernstthal (5142)	Karl-Marx-Stadt (5143)	Augustus-burg (5144)	Oederan (5145)

Damit sind das Granulitgebirge einschließlich seiner Schieferhülle sowie das Frankenberger Zwischengebirge regional-magnetisch untersucht. Um den Anschluß an die Vermessung von Nordwestsachsen herzustellen, wurden auch im Gebiet der benachbarten Blätter Regis-Breitingen, Frohburg, Altenburg und Meerane die Messungen durchgeführt.

2. Meßtechnische Angaben

Die erdmagnetische Regionalvermessung des Granulitgebirges und Frankenberger Zwischengebirges erfolgte mit mehreren Unterbrechungen in den Jahren 1952 bis 1959 durch Meßtrupps des VEB Geophysik.

Als Hauptbasis diente die Station I. O. Frankenau auf Meßtischblatt Mittweida mit einem Störwert von $45\,\gamma$ für Niemegk $= 0\,\gamma$. An diese Station sind alle Basispunkte der einzelnen Meßtischblätter direkt oder indirekt angeschlossen.

Bei der Untersuchung wurde ausschließlich die Z-Komponente des Erdfeldes vermessen.

Zum Abzug des Normalfeldes diente eine Tabelle des Geomagnetischen Instituts Potsdam, in der das Normalfeld für 1950.5 nach der Formel von RÖSSIGER berechnet ist (THIELE 1952).

Die Suszeptibilität aller im Meßgebiet vorkommenden Gesteine wurde durch die Ablenkung bestimmt, die durch Handstücke an der Feldwaage hervorgerufen werden. Nach Untersuchungen von PESCHEL (1959a) erhält man die wahre Suszeptibilität durch Multiplikation der abgelesenen Werte in 10^{-1} pars mit einem Faktor, der für die einzelnen Feldwaagen zwischen $2{,}2 \cdot 10^{-6}$ und $3{,}2 \cdot 10^{-6}$ liegt.

3. Geologisch-tektonische Übersicht (Abb. 1)

Der Hauptteil des Meßgebietes wird vom Granulitgebirge eingenommen, das den Kern einer in der Hauptphase der varistischen Gebirgsbildung entstandenen Antiklinale bildet, die als Fortsetzung des Ostthüringer Hauptsattels angesehen wird. Bei der Antiklinale handelt es sich nicht um eine einfache Aufwölbung, sondern um einen komplizierten, bisher nicht völlig geklärten Deckenbau.

Das Kerngebiet besteht aus Granuliten, sogenannten Weißsteingranuliten, die aus einem Gemenge von Kalifeldspat (Orthoklas), Granat (Almandin), Quarz, Spinell und Disthen bestehen. In den Granulitverbänden liegen linsen- und lagenförmig eingeschaltet Pyroxengranulite, die sich aus Plagioklas, Pyroxen und Granat zusammensetzen (fast quarzfreie Gesteine). Die in der Literatur oft erwähnten Augengranulite sind gneisähnliche, verformte Granulite und andere Metamorphite des Gleit- und Stauchhorizonts im Sinne von K.-H. SCHEUMANN.

Im Hangenden der Granulite — tektonisch und stofflich getrennt — folgt die mächtige Glimmerschieferdecke, begleitet von Gneisglimmerschiefern. Zahlreiche Fremdkörper (tektonische Fragmente), Orthogneise, Paragneise, metamorphe Kalke und Kieselschiefer sowie besonders die Metabasitserie (Serpentinite, metamorphe Gabbrogesteine und Amphibolite) liegen dem Granulit im Gleit- und Stauchhorizont wurzellos auf. In den Randgebieten des Granulitgebirges gehen die Glimmerschiefer kontinuierlich in die Phyllite über.

Im Südwesten und Nordosten des Granulitgebirges, weniger im Innern, treten die Gesteine der Metabasitgruppe (Serpentinite, metamorphe Gabbrogesteine und Amphibolite) auf, die durch das Auffinden von Nickelsilikatvorkommen geophysikalisch bevorzugt untersucht wurden.

Die Serpentinite als Träger zahlreicher Nickelsilikatlagerstätten und -vorkommen treten in der Gruppe der Bronzitserpentinite (metamorphe Saxonite), besonders im südlichen Teil des Granulitgebirges, auf. Dagegen sind im Norden und Nordosten die Granatserpentinite weit verbreitet, die zur erweiterten Gruppe der Metaperidotite gehören.

Durch Umsetzungsprozesse wurden die Serpentinite unter Bildung und Anreicherung von Nickelsilikaten zersetzt. Derartige Lagerstätten wurden besonders im Raum Kuhschnappel erschlossen. In den nördlichen Gebieten, im Raum von Waldheim, finden sich teilweise noch Restvorkommen früherer Lagerstätten. Vermutlich wurde ein großer Teil durch die glazialen Eisbewegungen zerstört.

Vergesellschaftet mit den Serpentiniten treten die metamorphosierten Gabbrogesteine, bezeichnet als Flasergabbro und Gabbroamphibolite, auf. Durch Druck und Bewegung wurde die Gesteinsserie außerordentlich variabel deformiert, und zahlreiche Bewegungstexturen charakterisieren diese Gesteine.

Bevorzugt im Zentrum des Granulitgebirges, aber auch in den Randgebieten, haben verschiedentlich Granitintrusionen stattgefunden (Mittweidaer, Berbersdorfer Granit). Ein Teil der Hangendschiefer (Gneisglimmerschiefer) und auch granulitische Gesteine wurden dabei in Cordieritgneise umgewandelt. In anderen Fällen kam es in den Kontaktbereichen zu metatektischen Veränderungen durch die Granitmagmen. Die Fernwirkung solcher Granulitlakkolithen äußert sich in der Schieferhülle durch thermometamorphe Veränderung unter Bildung von Knoten-, Frucht- und Garbenschiefern.

Zwischen dem Granulitgebirgsrand und dem Glimmerschieferzug von Flöha—Siebenlehn, der bereits zum Erzgebirge gehört, liegt das Frankenberg—Hainichener Zwischengebirge. Den Kern bildet der Frankenberg—Mobendorfer Gneiszug, der in seinem mittleren Teil von Rotliegendsedimenten überlagert wird. Im Nordosten und Südosten schließen sich karbonische und altpaläozoische Schichten an. Bemerkenswert sind noch am Nordrand eine Zone von Prasiniten, d. h. metamorphen Diabasen bzw. Diabastuffen, und am Südrand eine solche von Diabastuffen und Diabasen.

Den Südrand des Meßgebietes bildet das Erzgebirgsbecken mit Ablagerungen des Zechsteins und Rotliegenden. Die Phyllite, Glimmerschiefer und Gneise im Südosten des Untersuchungsgebiets gehören bereits zum Erzgebirge.

Mit den Phylliten, altpaläozoischen Schiefern, Diabasen und Diabastuffen im Bereich des Blattes Roßwein greift die Untersuchung auf das Gebiet der Elbtalzone (Nossen—

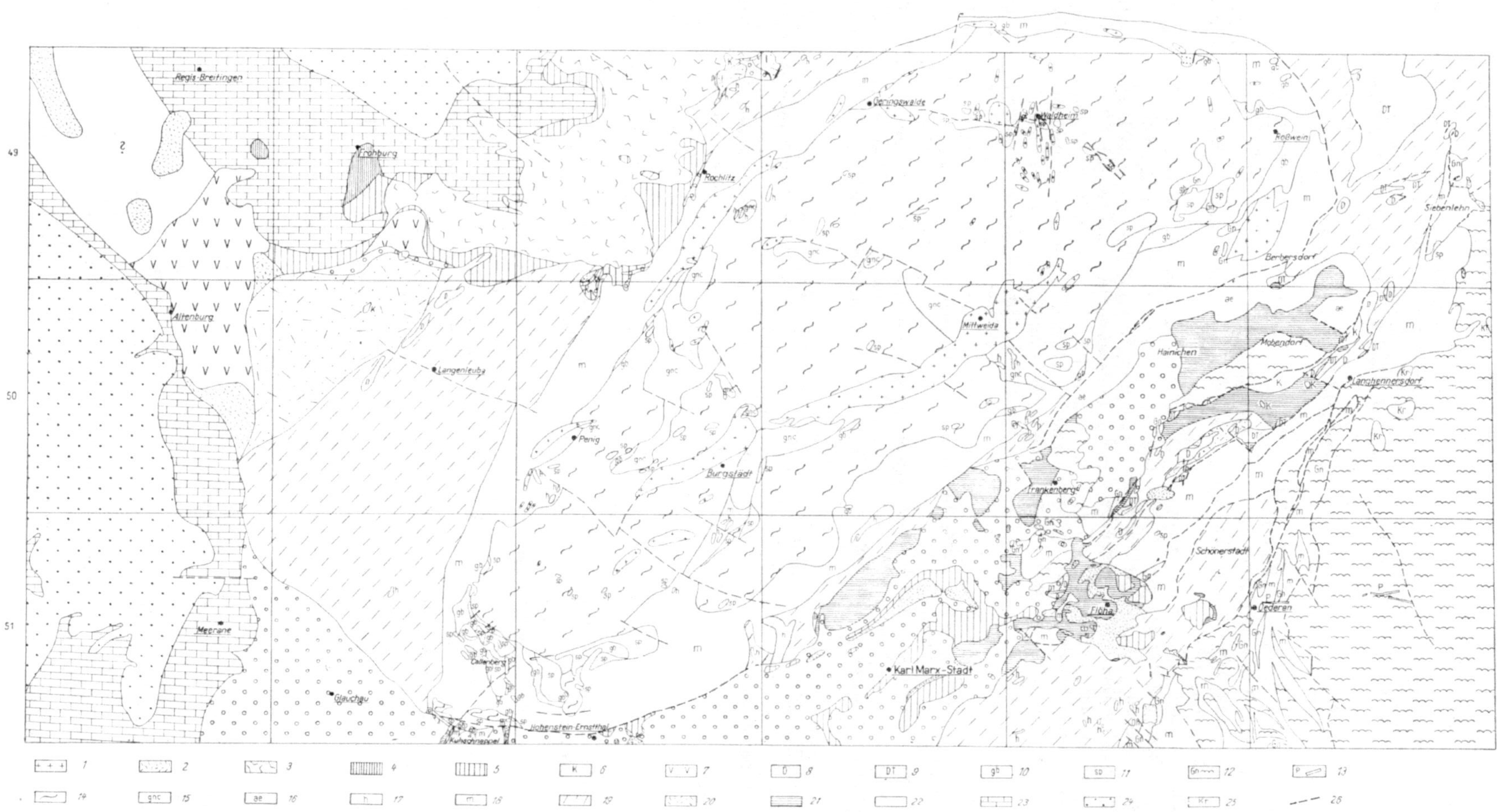

Abb. 1. Geologische Übersichtskarte des Granulitgebirges und Frankenberger Zwischengebirges (Tertiär und Quartär abgedeckt) nach JUBELT, LAUTERBACH, PIETZSCH, SCHEUMANN, SCHUCK & WATZNAUER, ergänzt nach geophysikalischen Messungen, bearbeitet von Dipl.-Geol. J. WEGNER (Stand: Nov. 1960)

1 – Granit, 2 – Porphyr (P), 3 – Rochlitzer Quarzporphyr, 4 – Frohburger Quarzporphyr, 5 – Porphyrtuff, 6 – Keratophyr, 7 – Porphyrit, 8 – Diabas, 9 – Diabastuff, 10 – Gabbro, 11 – Serpentinit (e = Eklogit), 12 – Gneis, ungegliedert, 13 – Quarzporphyr, 14 – Granulit, 15 – Cordieritgneis, 16 – Epidot-Amphibolschiefer (Prasinite), 17 – Hornblendeschiefer, 18 – Glimmerschiefer, 19 – Phyllit und ungegliedertes Paläozoikum, 20 – Devon, 21 – Karbon, 22 – Rotliegendes, 23 – Zechstein (z. T. Oberes Rotliegendes), 24 – Buntsandstein, 25 – Kreide, 26 – tektonische Störungen (z. T. nur vermutet)

Wilsdruffer Schiefergebirge) über. Den Nordwesten des Meßgebiets bilden die Sedimente des Buntsandsteins, des Zechsteins und die Rotliegenderuptiva der Nordsächsischen Mulde.

Alle geologischen Einheiten werden durch ausgedehnte tektonische Störungen voneinander getrennt, jedoch treten sie mit geringerer Intensität auch innerhalb der einzelnen Gebiete auf.

4. Ergebnis der Vermessung (Abb. 2)

Die erdmagnetische Vermessung des Granulitgebirges und seiner weiteren Umgebung hat eine Vielzahl kleinräumiger Störungen ergeben, während lediglich eine Anomalie wirklich regionalen Charakter besitzt. Insbesondere tritt die gesamte Granulitgebirgsantiklinale im magnetischen Bild überhaupt nicht hervor, da der Granulit im allgemeinen fast unmagnetisch ist. Lediglich der linsenförmig auftretende Pyroxengranulit besitzt teilweise eine höhere Suszeptibilität, die vereinzelt Werte bis $2000 \cdot 10^{-6}$ erreicht. Zwei weitere regionale Anomalien wurden am Ostrand des Meßgebiets angeschnitten. Zu ihrer Deutung ist jedoch die Fortsetzung der magnetischen Untersuchungen nach Osten erforderlich.

Die Vielzahl der lokalen Störungen macht es notwendig, nur die wichtigsten zu beschreiben. Von geologischem Interesse sind besonders mehrere größere Anomalienzüge, auf die außer den regionalen Anomalien ausführlicher eingegangen werden soll. Unberücksichtigt bleiben dagegen die durch Spezialmessungen näher untersuchten Serpentinit- und Gabbroanomalien im Raume Kuhschnappel—Hohenstein-Ernstthal (JUBELT & LAUTERBACH 1954) sowie Waldheim—Reichenbach und Siebenlehn (LAUTERBACH 1952 u. 1953). In der beiliegenden Isanomalenkarte sind diese Störungen durch einige Kammlinien dargestellt, die sich aus zahlreichen kleinen Teilmaxima und -minima zusammensetzen.

Granulitgebirgsrandanomalie

Die ausgedehnteste Anomalie schmiegt sich in einer Breite von etwa 10 km dem Nord- und Nordwestrand des Granulitgebirges an. Teilweise greift sie auf das Gebiet der Blätter Colditz, Leisnig und Döbeln über, die im Bericht über die Regionalvermessung von Nordwestsachsen (LEHMANN 1959) behandelt wurden. Auch GBUREK hatte diese Anomalie bei seiner Vermessung von Nordwestsachsen bereits in groben Umrissen erfaßt (LAUTERBACH 1952). Die Begrenzung der Grundstörung ist durch die 100-γ-Isanomale gegeben. Der Abfall der Störwerte auf Beträge unter 60 γ erfolgt nach Norden und Süden fast gleichmäßig. Dieser regionalen Anomalie sind zwei mehr oder weniger gut ausgeprägte Anomalienzüge aufgesetzt. Der nördliche Zug verläuft von Gersdorf (Blatt Leisnig) nach Rochlitz und wird nordostwärts der Ortslage um etwa 1 km nach Nordwesten versetzt. Westlich Rochlitz biegt er scharf nach Süden um und ist bis in die Gegend von Rochsburg zu verfolgen, wo er nordöstlich von Burgstädt an einer Ost—West streichenden Anomalie endet. Auf Blatt Geringswalde und Rochlitz liegen die Höchstwerte in den Teilanomalien bei 300 γ, während am Südende Beträge bis über 1000 γ erreicht werden.

Der südliche Anomalienzug verläuft von Otzdorf (Blatt Waldheim) über Waldheim—Geringswalde nach dem Südostrand von Rochlitz, biegt hier ebenfalls nach Süden um und endet an der erwähnten Anomalie nördlich Burgstädt. Im Raum Geringswalde ist der Anomalienzug nur schwach ausgeprägt, dagegen steigen auf Blatt Rochlitz die Störwerte wie bei dem nördlichen Zug auf über 1000 γ an. In den Minima treten Werte bis — 300 γ auf. Auch hier konnte in der Isanomalenkarte nur ein stark vereinfachtes Anomalienbild gegeben werden. Ursache dieser hohen Störwerte sind die bei Rochsburg, im Muldenbogen, westlich Berthelsdorf und zwischen Stein und Göritzhain aufgeschlossenen Cordieritgneise, an denen Suszeptibilitäten bis maximal $8000 \cdot 10^{-6}$ gemessen wurden.

Nach diesem Ergebnis ist anzunehmen, daß zumindest die beiden aufgesetzten Anomalienzüge teilweise die gleiche Störursache haben. Um hierfür eine Bestätigung zu erhalten, ist im Maximum der Teilanomalie bei Ceesewitz nordöstlich Rochlitz eine Bohrung vorgesehen.

Die Oberkante eines mit 20° nach Nordwesten einfallenden plattenförmigen Körpers müßte bei einer angenommenen Suszeptibilität von $4000 \cdot 10^{-6}$ in etwa 110 m Teufe angetroffen werden (Abb. 3). Die berechnete Kurve für einen solchen Körper stimmt recht gut mit der gemessenen überein. Die angenommenen Suszeptibilitätswerte entsprechen den mittleren Werten für Cordieritgneise. Für den Raum Geringswalde—Waldheim müssen darüber hinaus Amphibolite und Serpentinite, die in mehreren Bohrungen angetroffen wurden, als Störursache angenommen werden.

Der bereits erwähnte Versatz des nördlichen Anomalienzuges nordostwärts von Rochlitz deutet wahrscheinlich eine tektonische Querstörung an. Auffällig ist, daß auch der Muldenlauf bei Rochlitz ähnlich versetzt wird.

Weitaus schwieriger zu deuten ist die Ursache der Grundstörung. Die Gesteine der Schieferhülle besitzen im allgemeinen nur geringe Suszeptibilitäten bis maximal $100 \cdot 10^{-6}$. Außerdem reicht die Anomalie im Bereich der Blätter Geringswalde und Waldheim weit über das Verbreitungsgebiet der Schiefer hinaus, bis mehrere Kilometer in den Granulit. Der Granulit besitzt aber ebenfalls mit Ausnahme einiger weniger Pyroxengranulite nur eine geringe Suszeptibilität, und über dem Zentrum des Granulitmassivs treten auch keine höheren magnetischen Störwerte auf. Vielleicht verursacht ein magmatischer Körper in größerer Tiefe bzw. dessen Kontakthof die Anomalie. Von ihm könnten gegebenenfalls auch die zahlreichen Gang- und Lagergranite im Granulit abstammen. Wahrscheinlich gemacht wird dieser Tiefenkörper auch durch ein schwaches gravimetrisches Minimum am Südrand der magnetischen Anomalie im Raume südlich Geringswalde. Ein weiterer Hinweis für einen Pluton sind Kontakterscheinungen, die JUBELT an Kernen von Bohrungen im Raum Aschershain beobachtet hat.

Anomalie von Burgstädt

Eine weitere Grundstörung mit mehreren aufgesetzten Maxima hat sich im Raum nördlich von Burgstädt ergeben. Sie reichte im Westen bis Penig und nach Osten bis Diethensdorf. Die Höchstwerte der Grundstörung liegen ebenfalls nur wenig über 100 γ, während in den Teilmaxima 300 γ überschritten werden. Auch hier läßt sich im Schwerebild ein schwaches Minimum erkennen. Wie bei der Granulitgebirgsrandanomalie ist auch hier als Ursache für die magnetische Grundstörung ein kleinerer magmatischer Körper möglich. Die aufgesetzte Anomalie kann wieder durch Cordieritgneise, Amphibolite und Serpentinite erklärt werden; dazu kommen in diesem Gebiet Pyroxengranulite mit Suszeptibilitäten bis $2000 \cdot 10^{-6}$.

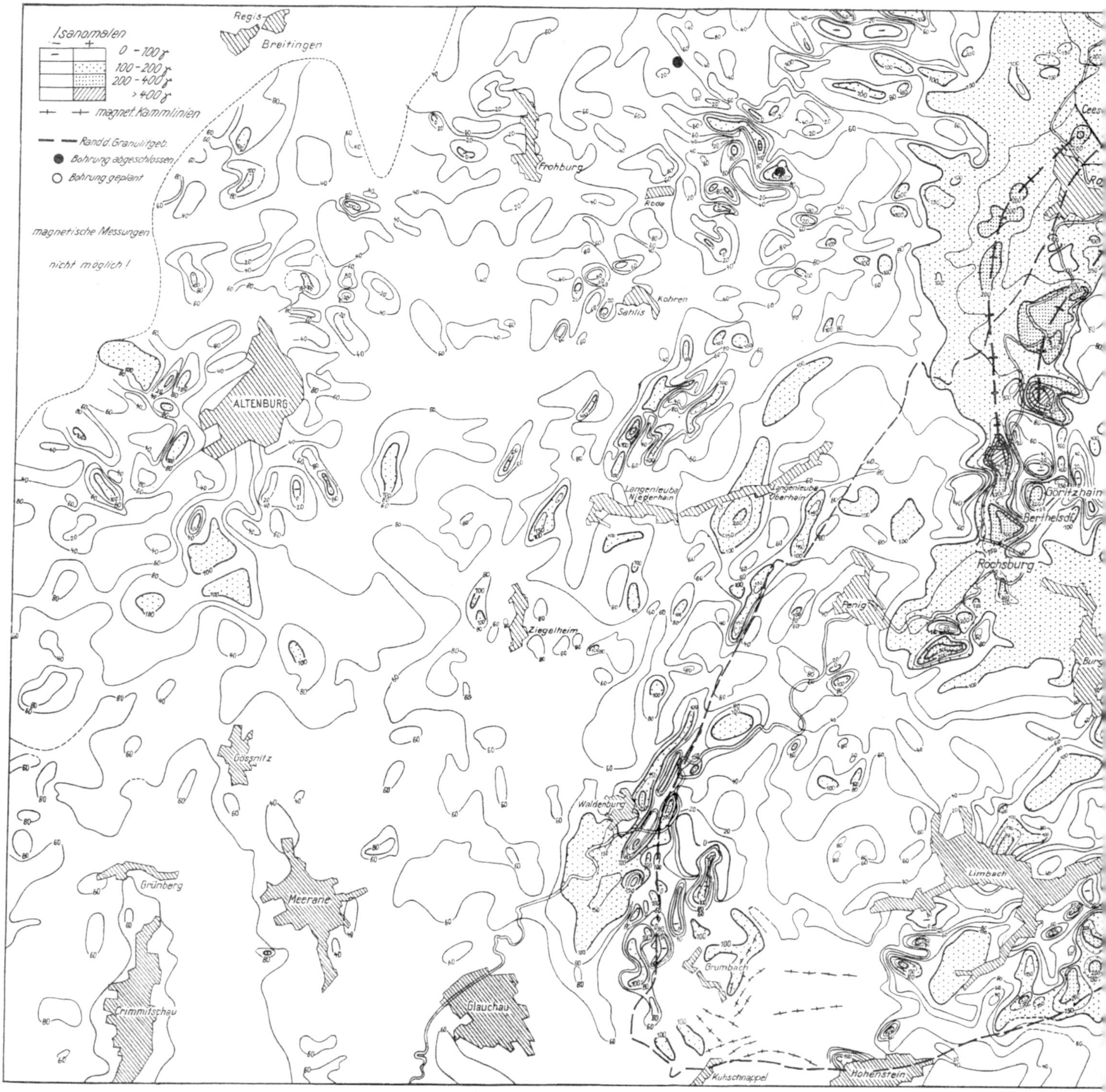

Abb. 2. Erdmagnetische Regionalvermessung ΔZ vom Granulitgebi

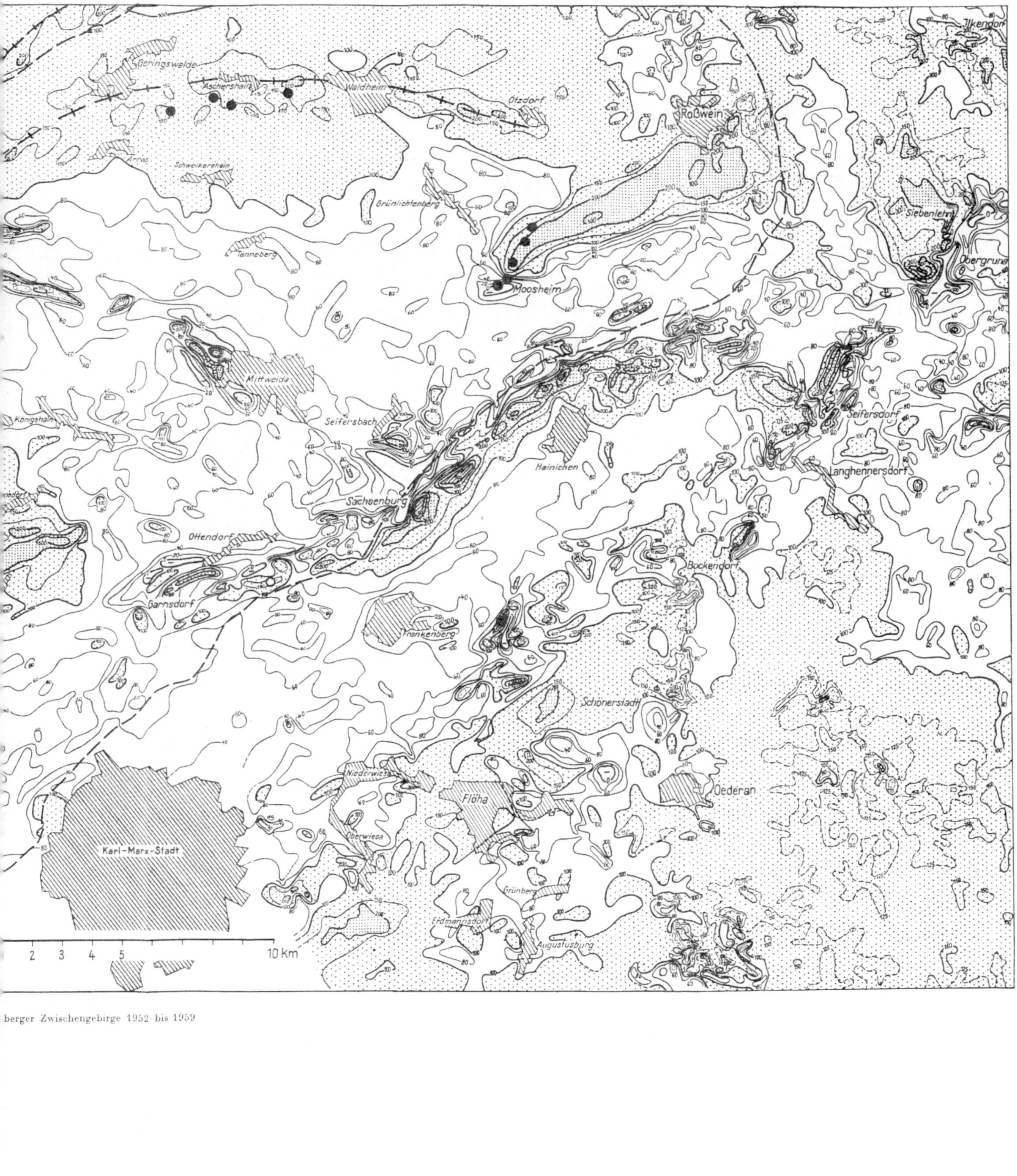

berger Zwischengebirge 1952 bis 1959

Anomalie von Burgstädt – Limbach

Die langgestreckte Anomalie im Ostteil der Grundstörung von Burgstädt setzt sich in einem Störungszug fort, der bis in die Ortslage von Limbach zu verfolgen ist. In den einzelnen Teilmaxima treten Höchstwerte bis über 1000 γ auf. Durch eine Spezialuntersuchung hat bereits RISCHE (1951) für die Teilanomalie südostwärts Burgstädt die dort anstehenden Gneise als Störursache erkannt. Ähnliche Gesteine dürften für den gesamten Störungszug verantwortlich sein. So besitzen sowohl die Cordieritgneise südostwärts Diethensdorf als auch die Gneisglimmerschiefer nördlich Limbach Suszeptibilitätswerte bis $3000 \cdot 10^{-6}$. Die einzelnen Teilstörungen sind mehrfach geringfügig gegeneinander versetzt, was auf tektonische Querstörungen hindeutet.

Anomalienzug von Mittweida

Für einen weiteren Störungszug sind ebenfalls Cordieritgneise mit Sicherheit als Störursache erkannt worden. Es handelt sich hier um die Anomalien, die im Gebiet der Südweststrecke des Blattes Geringswalde und bei Mittweida auftreten. Im Gegensatz zu den bisher beschriebenen Anomalienzügen besitzen die einzelnen Teilmaxima eine herzynische, teilweise sogar steilherzynische Streichrichtung. Südostwärts Mittweida setzt sich der Zug durch zwei schwächere Anomalien am Westrand des Blattes Frankenberg fort und endet an einer ausgedehnten magnetischen Störung, die auf Blatt Frankenberg diagonal von NE nach SW verläuft. Mit Ausnahme der letztgenannten schwächeren Anomalien konnten im übrigen Bereich des Zuges Cordieritgneise mit hoher Suszeptibilität festgestellt werden. Eine tektonische Querstörung liegt wahrscheinlich nordwestlich Mittweida im Gebiet des kleinen erzgebirgisch streichenden Teilmaximums vor.

Anomalien von Frankenberg – Hainichen

Die Anomalie verläuft in einer Breite von ungefähr 1,5 km von der Nordoststrecke des Blattes Frankenberg mit einer schwachen s-förmigen Verbiegung nach Südwesten. In den einzelnen Teilmaxima treten Störwerte bis über 1000 γ auf. Der Gradient an der Nordwestflanke ist erheblich größer als an der Südostflanke, woraus bei normaler Magnetisierung auf flaches Einfallen des Störkörpers nach Südosten zu schließen wäre.

Die gesamte Anomalie stimmt recht gut mit einem schwach positiven Schwererücken überein (BREMER 1959) und steht offensichtlich im Zusammenhang mit der Grünschieferzone des Frankenberger Zwischengebirges. Nach Untersuchungen von G. PESCHEL (1959a) besitzen die an mehreren Stellen aufgeschlossenen Epidot-Amphibolschiefer und Amphibol-Adinolschiefer (metamorphe Diabase bzw. Diabastuffe) vielfach eine hohe Suszeptibilität. Offenbar handelt es sich bei den Prasiniten mit höherer Suszeptibilität um umgewandelte Diabase, während die Suszeptibilitätswerte der umgewandelten Diabastuffe wesentlich niedriger liegen. Nach den magnetischen Messungen scheint sich der Prasinitzug, abgesehen von mehreren herzynisch verlaufenden Querstörungen, ohne Unterbrechung unter der pleistozänen Bedeckung im mittleren Teil des Blattes fortzusetzen. Wie bereits erwähnt, deutet der schwache Gradient an der Südostflanke der Anomalie auf ein flaches Abtauchen der Prasinite unter die Frankenberger Gneise hin. Dagegen geht das von BECKER (1928) beobachtete flache Einfallen des Zwischengebirgspaläozoikums unter die Gneisscholle aus dem Isanomalenbild nicht hervor.

Anomalien von Seifersbach

Südlich und östlich von Seifersbach (Meßtischblatt Frankenberg) tritt eine Anomaliengruppe auf, in deren Teilmaxima Störwerte bis über 300 γ gemessen wurden. Die Streichrichtung ist wegen zu großer Punktabstände nicht sicher anzugeben, doch dürfte die herzynische Richtung vorherrschen. Durch petrophysikalische Untersuchungen konnte als Störursache für die beiden Anomalien am Ostrand von Seifersbach der dort bekannte Serpentinit nachgewiesen werden. Für die anderen Teilmaxima haben sich aus dem Oberflächenbefund keine Anhaltspunkte ergeben. Die stoffliche Beschaffenheit des Störkörpers kann daher nur durch Bohrungen geklärt werden.

Anomalien von Limbach – Garnsdorf – Sachsenburg

Südlich und östlich des Ortes Limbach tritt eine Gruppe von Anomalien auf, in denen Höchstwerte bis 300 γ gemessen wurden. Diese magnetischen Störungen liegen in den Hüllschiefern am Südrand des Granulitgebirges. Untersuchungen an Gesteinsproben in diesem Gebiet ergaben sowohl am Glimmerschiefer als auch am Garbenschiefer und Staurolithglimmerschiefer Suszeptibilitätswerte bis $3000 \cdot 10^{-6}$.

Nach einer Zone niedrigerer Störwerte in der NW-Ecke des Blattes Karl-Marx-Stadt treten im Bereich der Glimmerschiefer zwischen Garnsdorf und Sachsenburg erneut mehrere meist langgestreckte, erzgebirgisch streichende Anomalien auf. Die einzelnen Maxima sind nur wenige hundert Meter breit und mehrfach gegeneinander versetzt. Die dadurch angedeuteten tektonischen Querstörungen sollen durch Profilmessungen näher untersucht werden. Ein größerer Gradient auf der Nordflanke der Anomalien läßt auf ein Einfallen der Störkörper nach Südosten schließen. Auch für diese Anomalien ist die Ursache in den Glimmerschiefern zu suchen. Kleinere Störungen werden außerdem von Gabbro, Serpentinit und Hornblendeschiefern hervorgerufen.

Das Schwerebild zeigt gleichfalls eine positive Anomalie, die jedoch ohne Unterbrechung vom Gebiet südlich Limbach bis Sachsenburg streicht. Auch BREMER (1959) führt dieses gravimetrische Maximum auf die Gesteine des Schiefermantels zurück. Eine Verwerfungszone zwischen den Gesteinen des Schiefermantels und des erzgebirgischen Beckens, die nach BREMER mit der

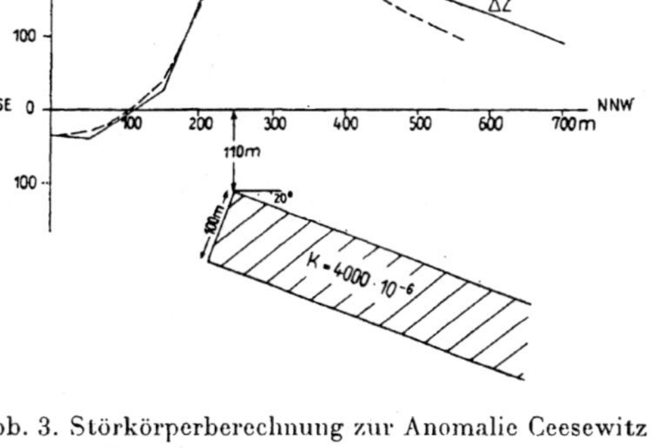

Abb. 3. Störkörperberechnung zur Anomalie Ceesewitz
ΔZ gemessen ——, ΔZ berechnet - - - -

steilen Schwereflanke im Südosten des Maximums zusammenfallen soll, läßt sich aus dem magnetischen Bild nicht erkennen.

Anomalie von Moosheim – Roßwein

Südlich Roßwein erstreckt sich eine etwa 2 km breite Anomalie bis in die Gegend von Moosheim. In den einzelnen Teilmaxima überschreiten die Störwerte 300 γ. Der Gradient ist an der Südflanke größer als an der Nordflanke. Im Bereich der Anomalie ist vielfach Serpentinit kartiert. Untersuchungen der Suszeptibilität ergeben jedoch nur geringe Werte. Zur weiteren Erkundung dieser Anomalie fand deshalb an ihrem Südwestende eine Spezialmessung statt. Außerdem wurden mehrere Bohrungen niedergebracht. Die Spezialmessung ergab weitere Teilmaxima, deren Ursache nach den Ergebnissen der Bohrungen in Serpentinit, Cordieritgneis und Gabbro zu suchen ist (LEHMANN & POHLERS 1959, POHLERS 1960). Eine dieser Bohrungen ergab nach 34 m Deckgebirge und weiteren 99 m mehr oder weniger zersetztem z. T. auch kaolinisiertem Granulit frischen Granatserpentinit mit höherer Suszeptibilität, der vermutlich als Ursache für die Grundstörung angesehen werden kann.

Anomalien von Siebenlehn

Das Gebiet der Anomalien westlich Siebenlehn – Obergruna wurde bereits früher durch Spezialmessungen untersucht (LAUTERBACH 1952, 1953). Naturgemäß ergab die mit einem sehr dichten Punktnetz durchgeführte Spezialmessung ein wesentlich detaillierteres Anomalienbild. Durch die Regionalmessung ist es nun möglich, die starken magnetischen Störungen zwischen Obergruna und Siebenlehn mit Höchstwerten bis über 1000 γ in einem größeren Zusammenhang zu betrachten. Sie bilden offenbar den Abschluß einer größeren Anomalie, die etwa durch die 150-γ-Isanomale gekennzeichnet wird. Sie beginnt am Westrand von Nossen und erstreckt sich in einer Breite von etwa 2,5 km nach Südosten bis Siebenlehn, wo der erwähnte steil erzgebirgisch streichende Anomalienzug mit großen Gradienten seinen Abschluß findet. Wie die früheren Untersuchungen gezeigt haben, sind Metabasite (Serpentinite und Gabbros) Ursache des Anomalienzuges, und auch neuere Suszeptibilitätsmessungen ergaben für den Gabbro nordöstlich von Siebenlehn Werte bis zu $5000 \cdot 10^{-6}$. Nach dem Isanomalenbild ist anzunehmen, daß ein größerer Metabasitkörper flach unter die kambrischen Tonschiefer, Phyllite und Diabase der mittelsächsischen Überschiebungsmasse einfällt.

Anomalien von Seifersdorf und Frankenberg

Eine Gruppe stärkerer Anomalien erstreckt sich nördlich von Langhennersdorf bis an den Südrand von Blatt Roßwein. In den einzelnen meist NE–SW streichenden Teilmaxima treten Störwerte bis über 1000 γ auf. Ursache dieser Anomalien sind körnige Diabase und Quarzkeratophyre, die hier an der Grenze zwischen Frankenberger Zwischengebirge und der erzgebirgischen Glimmerschieferformation auftreten. Suszeptibilitätsbestimmungen an diesen Gesteinen ergaben Werte bis ca. $5000 \cdot 10^{-6}$. Östlich Seifersdorf schließt sich an diese Anomaliengruppe eine breitere steil herzynisch streichende Grundstörung mit einem aufgesetzten Maximum und Werten bis über 500 γ an der Nordostflanke an. Die gesamte Störung liegt über Gesteinen, die auf dem geologischen Blatt Langhennersdorf als Diabastuffe bezeichnet werden. BECKER (1928) rechnet sie jedoch mit zu den Grünschiefern. Suszeptibilitätsmessungen ergaben im allgemeinen nur geringe Werte, maximal wurden $500 \cdot 10^{-6}$ gemessen.

Der Anomalienzug, der nördlich von Bockendorf beginnt, östlich an Frankenberg vorbeizieht und am Westrand von Niederwiesa endet, dürfte ebenfalls auf Diabase zurückzuführen sein. Die höchsten Störwerte treten mit ungefähr 800 γ in dem Teilmaximum bei Mühlbach östlich Frankenberg auf. Im gesamten Bereich des Anomalienzuges sind mehrfach Diabase kartiert. Darüber hinaus wurde in einer Bohrung in dem genannten Teilmaximum nach 10 m Porphyr- und Diabastuff ein feinkörniger Diabas angetroffen, dessen mittlere Suszeptibilität $1000 \cdot 10^{-6}$ bei Höchstwerten um $6000 \cdot 10^{-6}$ beträgt.

Anomalienzug von Flöha

Von der Südwestecke des Blattes Langhennersdorf zieht sich diagonal über das Blatt Flöha ein Anomalienzug hin, dessen Südwestende durch die bisherigen Messungen noch nicht erfaßt wurde. Die meisten Teilmaxima streichen wie der gesamte Zug steil erzgebirgisch, lediglich unmittelbar am Nordostrand von Flöha tritt auch eine herzynische Richtung auf. Ursache der Teilmaxima dürften Einlagerungen von Hornblendeschiefer im Phyllit sein. Außerdem können auch Serpentinite die Störung hervorrufen.

Dagegen ist die Ursache der Grundstörung noch ungeklärt, da die in ihrem Bereich auftretenden Phyllite, Glimmerschiefer und Tonschiefer sowie der in mehreren Steinbrüchen bei Flöha aufgeschlossene Quarzporphyr nur geringe Suszeptibilitäten besitzen. Lediglich der in dem auflässigen Steinbruch nordnordostwärts von Schönerstadt anstehende Albitphyllit zeigt Suszeptibilitätswerte bis zu $1000 \cdot 10^{-6}$.

Regionale Anomalie auf Blatt Roßwein

In der Osthälfte des Blattes Roßwein liegt das Störniveau allgemein über 100 γ. Diese höheren Werte setzen sich sowohl nach Norden auf Blatt Lommatzsch als auch nach Osten auf Blatt Mohorn fort. Das wird auch durch einige Punkte der früheren Vermessung der Elbtalzone durch SIEMENS (1935) bestätigt. SIEMENS bringt die höheren Störwerte mit Diabasen in Zusammenhang, und ein Vergleich mit der geologischen Karte zeigt, daß im gesamten Gebiet der Anomalie verbreitet Diabase und Diabastuffe auftreten, deren mittlere Suszeptibilität 200 bis $400 \cdot 10^{-6}$ beträgt. Vereinzelt, wie bei Ilkendorf im Bereich der aufgesetzten Anomalien mit Störwerten bis über 500 γ, konnten Suszeptibilitäten bis $5000 \cdot 10^{-6}$ gemessen werden.

Regionale Anomalie von Oederan

Fast auf dem gesamten Blatt Oederan liegen die Störwerte über 100 γ. Im Norden greift die 100-γ-Isanomale keilförmig auf das Meßtischblatt Langhennersdorf über. Auch die Südostecke des Blattes Flöha muß mit zu diesem Gebiet höherer Störwerte gerechnet werden. Inwieweit sich diese vorerst nur in ihrer Randzone angeschnittene Anomalie nach Osten und Süden fortsetzt, wird erst die Vermessung der angrenzenden Blätter zeigen, von denen überhaupt noch keine Ergebnisse vorliegen. Es ist deshalb auch nicht möglich, Angaben über die Streichrichtung der Anomalie und die Lage ihres Maximums zu machen. Als Ursache für die höheren magnetischen Werte sind wahrscheinlich die Gesteine der erzgebirgischen Gneisformation anzusehen. Die an vielen Aufschlüssen des Freiberger Gneises und Biotitgneises sowie anderer Gneisarten vorgenommenen Ablenkungsbestimmungen lassen zwar nur in Ausnahmefällen Suszeptibilitätswerte über $100 \cdot 10^{-6}$ erkennen, jedoch haben Untersuchungen am Kernmaterial von Untertagebohrungen im Brander Revier ergeben, daß bereits in Teufen von 20 bis 40 m die Gneise Suszeptibilitätswerte von 1000 bis $2000 \cdot 10^{-6}$ besitzen. Besonders hohe Werte (bis $6000 \cdot 10^{-6}$) zeigte ein reichlich magnetkiesführender Glimmerschiefer in der Bohrung Brand 6/56 in 80 bis 140 m Teufe.

Dieser regionalen Grundstörung sind südlich Oederan und besonders im Gebiet der Südwestecke des Blattes zahlreiche kleine Anomalien aufgesetzt. Ihre Ursache dürfte in kristallinen Grauwacken in der roten Gneisformation sowie Amphiboliten und Eklogiten zu suchen sein. Über einen Granitpluton, der durch ein ausgedehntes Schwereminimum in diesem Raum von BREMER (1959) angenommen wird, lassen sich aus den magnetischen Meßergebnissen keine Aussagen machen.

Anomalien von Langenleuba

Im Gebiet des Blattes Langenleuba haben sich besonders im nördlichen und östlichen Teil mehrere rheinisch streichende Anomalien ergeben, die im Osten auf das Blatt Burgstädt und im Süden auf Blatt Glauchau übergreifen. Die Höchstwerte dieser Störungen liegen zwischen 180 und 200 γ, lediglich bei Neuenmörbitz werden 300 γ überschritten. Mehr oder weniger gut ausgeprägte relative oder auch absolute Minima an den Südostflanken deuten ein flaches Einfallen der Störkörper nach Nordwesten an. Die Anomalien bei Linda und Neuenmörbitz sind auf die dort anstehenden Diabase zurückzuführen, deren mittlere Suszeptibilität $2500 \cdot 10^{-6}$ beträgt, einzelne Proben ergaben auch Werte bis zu $6000 \cdot 10^{-6}$. Ob diese Störursache für alle rheinisch streichenden Anomalien zutrifft, kann aus den Messungen nicht unbedingt abgeleitet werden, ist jedoch wahrscheinlich. Außerdem können auch hier stärker magnetitführende Partien in den metamorphen Schiefern angenommen werden. Für die Anomalien südostwärts von Waldenburg werden ferner Serpentinite und Gabbros als Störursache angesehen. Völlig ungeklärt ist dagegen die über den meist pleistozän verhüllten Tonschiefern und Phylliten auftretende größere Anomalie südlich Waldenburg.

Anomalien außerhalb des Granulitgebirges und seiner Schieferhülle

Die Gebiete der Kartenblätter Regis-Breitingen, Frohburg, Altenburg und Meerane gehören im Norden zur Nordsächsischen Mulde und im Süden zum Erzgebirgsbecken. Das allgemeine Störniveau liegt zwischen 40 und 60 γ. Nur südlich Altenburg, in der Umgebung von Crimmitschau, steigen die Störwerte in größeren Gebieten auf über 80 γ an. Darüber hinaus treten auf den Blättern Regis-Breitingen, Frohburg und Altenburg regellos eine Reihe lokaler Störungen auf, deren Höchstwerte nur wenig über 100 γ liegen. Ursache dieser Anomalien sind Porphyrite, die in der Umgebung von Altenburg in geringer Tiefe erbohrt wurden und zwischen Gnandstein und Kohren anstehen. Ihre Suszeptibilität erreicht Werte bis $3000 \cdot 10^{-6}$.

Der Altenburger Quersattel tritt im magnetischen Bild nicht hervor, abgesehen davon, daß die steil herzynische Isanomalenrichtung gegenüber der steil erzgebirgischen auf Blatt Langenleuba stärker hervortritt.

Die Anomaliengruppe am Ostrand des Blattes Frohburg wurde zunächst als Eruptionszentrum gedeutet. Eine Bohrung im südlichen Teilmaximum an der Grenze zum Blatt Rochlitz erbrachte jedoch in ungefähr 6 m Teufe einen normalen Rochlitzer Quarzporphyr, dessen Fluidaltextur keine Anzeichen für eine Spaltenfüllung aufweist. Die Suszeptibilitätswerte betragen bis 50 m Teufe etwa $200 \cdot 10^{-6}$ und steigen danach auf Werte von 800 bis $1000 \cdot 10^{-6}$ an. Das Gestein zeigt zunächst eine dunkelviolette und ab 60 m eine fast schwärzlichviolette Färbung.

Der Anstieg der Störwerte auf Blatt Meerane hängt wahrscheinlich mit einer auf Blatt Langhennersdorf durch die Regionalvermessung von Ostthüringen (LEHMANN & BORMANN 1960) teilweise erfaßten Anomalie zusammen; weitere Aussagen sind jedoch erst nach einer Untersuchung des Gebiets der Blätter Ronneburg und Zwickau möglich.

Zusammenfassung

Die erdmagnetische Regionalvermessung von Mittelsachsen hat gezeigt, daß die Granulitgebirgsantiklinale im magnetischen Bild nicht in Erscheinung tritt, während die Hüllschiefer besonders am Südwest- und Südrand stark gegliederte Anomalien hervorrufen. Den Nordrand des Granulitmassivs begleitet eine ausgedehnte Grundstörung, die nicht mit den Hüllschiefern in Zusammenhang gebracht werden kann.

Als Ursache wird ein magmatischer Körper in größerer Tiefe angenommen. Der Grundstörung aufgesetzte Anomalien werden durch Cordieritgneise hoher Suszeptibilität hervorgerufen. Ein weiterer kleiner magmatischer Körper wird im Innern des Granulitmassivs vermutet. Im Osten des Untersuchungsgebiets wurden zwei weitere regionale Anomalien angeschnitten, deren Ausdehnung und Streichrichtung erst durch die Vermessung der angrenzenden Gebiete erkannt werden können.

Резюме

Магнитная региональная съемка Средней Саксонии показала, что антиклиналь Гранулитовых гор не проявляется в магнитной ,,картине'', между тем как перекрывающие сланцы, особенно на югозападной и южной периферии, вызывают сильно расчлененные аномалии. Северный борт гранулитового массива сопровождается обширной основной помехой, которую нельзя связывать с покрывающими сланцами. Предполагается, что наличие магматического тела на большой глубине является причиной этой помехи. Аномалии на фоне основной помехи вызываются кордиеритовыми гнейсами высокой восприимчивости. Другое, более мелкое магматическое тело предполагается внутри гранулитового массива. На востоке исследуемого района были обнаружены еще две региональных аномалии, протяжение и простирание которых могут быть выявлены только съемкой смежных районов.

Summary

A geomagnetic regional survey of Central Saxony has shown that the granulite massif anticline does not appear in the magnetic record, whereas considerably divided anomalies, especially towards the southwestern and southern borders, are produced by flanking slates. The northern border of the granulite massif is accompanied by an extensive basal disturbance which cannot be connected with the flanking slates. A magmatic body lying in a major depth is thought to be the cause for it. Anomalies put up on the basal disturbance are produced by highly susceptible cordierite gneisses. Another small magmatic body is supposed to be within the granulite massif. In the east of the area investigated contact was made with two further regional anomalies, whose extent and trend can only be identified by a survey of the adjacent areas.

Literatur

BECKER, H.: Das Zwischengebirge von Frankenberg in Sachsen. – Abh. sächs. geol. Landesanst., H. 8, 1928.

BREMER, H.: Abschlußbericht über Gravimetermessungen im Gebiet Frankenberger Zwischengebirge. – Arch. VEB Geophysik, Leipzig 1959.

BUNZLER, H. & M. LEHMANN: Zwischenbericht über erdmagnetische Untersuchungen im Granulitgebirge und Frankenberger Zwischengebirge. – Arch. VEB Geophysik, Leipzig 1960.

JUBELT, R.: Bemerkungen zu den neu erschlossenen Nickelhydrosilikatlagerstätten am Südrande des Granulitgebirges. – Freib. Forsch.-H., C 5, 1953.

– Die Nickelhydrosilikatlagerstätten bei Kuhschnappel am Südrande des Sächs. Granulitgebirges. – Wiss. Z. Univ. Lpzg., 3. Jg., 1953/1954.

JUBELT, R. & R. LAUTERBACH: Die Metabasitkörper des südwestlichen Sächs. Granulitgebirges. – Geologie, 3, S. 773–803, 1954.

LAUTERBACH, R.: LEO GBUREKS geomagnetische Vermessung von Nordwestsachsen. – Veröff. Geophys. Inst. Univ. Lpzg., Bd. XV, 1949.

– Abschlußbericht über die magnetischen Untersuchungen im Gebiet Waldheim, Böhrigen und Siebenlehn. – Arch. VEB Geophysik, Leipzig 1952.

– Abschlußbericht über die geomagnetischen Untersuchungen im Gebiet Siebenlehn. – Arch. VEB Geophysik, Leipzig 1953.

LEHMANN, M.: Die erdmagnetische Vermessung von Nordwestsachsen. – Z. angew. Geol., 5, S. 250–254 (1959).

LEHMANN, M. & W. BORMANN: Zwischenbericht über erdmagnetische Untersuchungen im Gebiet Ostthüringen und Vogtland. – Arch. VEB Geophysik, Leipzig 1960.

LEHMANN, M. & H. POHLERS: Abschlußbericht über erdmagnetische Untersuchungen im Gebiet Moosheim-Aschershain. – Arch. VEB Geophysik, Leipzig 1959.

PESCHEL, G.: Ergebnisbericht über eine petromagnetische Kartierung auf Meßtischblatt Frankenberg. – Arch. VEB Geophysik, Leipzig 1959 [1959a].

– Untersuchungen über die Beziehungen zwischen den Suszeptibilitäten von Gesteinshandstücken und den Ablenkungswerten an Feldwaagen. – Arch. VEB Geophysik, Leipzig 1959 [1959b].

PIETZSCH, K.: Abriß der Geologie von Sachsen. – Berlin 1956.

POHLERS, H.: Abschlußbericht über erdmagnetische Untersuchungen im Gebiet Moosheim. – Arch. VEB Geophysik, Leipzig 1960.

RISCHE, H.: Magnetische Untersuchungen im Raum von Burgstädt und ihre geologische Auswertung. – Meldearbeit aus dem Institut für angewandte Geophysik der Bergakademie Freiberg 1951.

SCHEUMANN, K. H.: Die Rotgneise der Glimmerschieferdecke des sächsischen Granulitgebirges. – Ber. math.-phys. Kl. Akad. Wiss., Leipzig 1935.

– Über eine Gruppe bisher wenig beachteter Orthogneise des Granulitgebirges und deren Einschlichtung. – Min.-petr. Mitt., 47, 1936.

– Das Problem der Cordieritgneise im Sächsischen Granulitgebirge. – Ber. math.-phys. Kl. Akad. Wiss., Leipzig 1940.

– Bemerkungen zur Genese der Gesteins- und Mineralfazies der Granulite. – Geologie, 3, 1954.

SIEMENS, G.: Erdmagnetische Untersuchungen der Elbtalzone zwischen Torgau und Dresden. – Beitr. physik. Erforsch. Erdrinde, H. 7, Preuß. geol. Landesanst., Berlin 1935.

THIELE, E.: Das Rössigersche Normalfeld der Vertikalintensität und seine zeitliche Änderung. – Abh. Geophys. Inst. Potsdam, Nr. 5, 1952.

WAGNER, F. W.: Abschlußbericht über erdmagnetische Untersuchungen im Gebiet Geringswalde. – Arch. VEB Geophysik, Leipzig 1960.

WETTIG, E.: Das Rotliegende der nordwestsächsischen Mulde unter Berücksichtigung der Tiefbohrergebnisse von Saalhausen-Kreischa. – Z. deutsch. geol. Ges., 79, 1927.

Die Magnetbandtechnik in der Reflexionsseismik für die elektronische Auswertung

Mitteilung aus dem VEB Geophysik

ERHARDT KAGE, Leipzig

Die Reflexionsseismik hat sich im Laufe ihrer Entwicklung eine Schlüsselstellung unter den geophysikalischen Erkundungsmethoden erworben, nicht zuletzt durch die ständige Weiterentwicklung ihrer Gerätetechnik. Die damit verbundene Steigerung der Aussagekraft führte zu einer immer breiteren Anwendung dieser Erkundungsmethode und zu komplizierteren Aufgabestellungen. So erfordert die Erkundung tektonisch komplizierter Formationen vom Geophysiker unter anderem die geschickte Anwendung aller Möglichkeiten der Filterung, Amplitudenregelung und Mischung der aufgenommenen seismischen Signale. Die optimale Wahl der Parameter wird dabei erst durch das erhaltene Resultat bestätigt. Hier bietet die Anwendung der Magnetbandregistrierung bedeutende Vorteile. Statt das Seismogramm, wie bisher üblich, mit einem Schleifenoszillographen auf Papierfilm zu registrieren, wird die Aufzeichnung auf einem magnetisierbaren Film, dem Magnetband, vorgenommen. Das so erhaltene Magnetogramm gestattet eine Wiedergabe seines Inhalts in Form elektrischer Signale, so daß der seismische Schuß auf diese Weise beliebig oft reproduziert werden kann. Die Wahl der optimalen Parameter läßt sich also bei wiederholtem Abspielen des Magnetogramms vornehmen. Man wird zu diesem Zweck die Magnetbandaufnahme bei möglichst geringer Amplitudenregelung und Filterung sowie ohne Mischung vornehmen, so daß der erhaltene sogenannte Rohfilm möglichst wenig an Originaltreue bzw. Informationsinhalt des Schusses einbüßt.

Aus diesen Bemerkungen mag schon ersichtlich sein, wie die Magnetbandregistrierung geeignet ist, den Feldbetrieb zu vereinfachen und gleichzeitig eine Erhöhung der Aussagekraft des seismischen Schusses zu ermöglichen. Die Vorteile erschöpfen sich jedoch nicht in der Einsparung von Nachschüssen, sondern führen darüber hinaus zu völlig neuen Bearbeitungstechniken des erhaltenen Seismogramms. Vor allem diese neuen Möglichkeiten sind es, die zu einer schnellen Verbreitung der Magnetbandregistrierung geführt haben und den erhöhten gerätetechnischen Aufwand dieser Apparaturen rechtfertigen.

Im Ausland wurden in den letzten Jahren mehrere Magnetbandaufnahme- und Wiedergabeapparaturen entwickelt, wobei man zunächst zum Teil recht verschiedene Ziele verfolgte und von unterschiedlichen Voraussetzungen ausging. Doch schon nach kurzer Zeit war ein gewisser Standard zu erkennen, dessen Varianten vor allem durch den technischen Aufwand gekennzeichnet sind.

Bearbeitungsmöglichkeiten von Magnetbandrohseismogrammen

Das von der Aufnahmeapparatur abgegebene Rohseismogramm kann auf geeigneten Wiedergabeapparaturen auf verschiedene Weise behandelt werden, z. B. mit dem Ziel, durch wiederholtes Abspielen des Seismogramms optimale Parameter zu finden. Es handelt sich dabei um die folgenden Arbeitsgänge:

1. Filterung mit verschiedenen Filtereinstellungen, um das eigentliche Nutzsignal von Störfrequenzen zu trennen. Man kann den Filterdurchlaßbereich auch während der Abspielzeit nach einem vorgewählten Programm verschieben, um ihn an den zeitlich veränderlichen Schwerpunkt des Reflexionsspektrums anzupassen. Bei einer Feldapparatur wäre diese Arbeitsweise sehr problematisch, da sie einen weiteren Unsicherheitsfaktor in das Seismogramm bringen würde.

2. Variation der Amplitudenregelung mit der Möglichkeit, durch Verändern der Regelcharakteristik verschiedene Reflexionsüberhöhungen optimal einzustellen und die ersten Einsätze durch Programmregelung in normalen Aussteuerungsgrenzen zu halten.

3. Mischung benachbarter Spuren mit verschiedenen Mischungsverhältnissen und Phasenlagen. Durch geeignete Mischung lassen sich die Seismogramme unter anderem

regelrecht auf das Vorhandensein von Reflexionen einer bestimmten Neigung im Seismogramm untersuchen, wobei sich das Mischerprogramm nach den Gegebenheiten des zu untersuchenden Filmes richtet (K. H. SALIS 1960).

4. Kopfverstellung der einzelnen Spuren bei der Wiedergabe gegenüber der Stellung der Aufnahmeköpfe. Dadurch sind die Reduzierung der Reflexionszeiten auf ein festes Bezugsniveau über NN und die Elimination der verschieden mächtigen Verwitterungsschicht sowie der Bohrtiefe möglich. Diese Kopfverstellung ist über die gesamte Filmlänge konstant und wird daher als statische Korrektur bezeichnet.

5. Zeitlich kontinuierliche Kopfverschiebung bei den einzelnen Spuren zum Zwecke der Elimination des Aufstellungsfehlers (normal moveout), der die Hyperbelkrümmung der Reflexionen verursacht. Die Korrektur (dynamische Korrektur) ist eine Funktion der beobachteten Laufzeit und des Abstandes des betreffenden Seismographen vom Schußpunkt. Als Parameter tritt die mittlere Schichtgeschwindigkeit auf. Wenn die beiden letzten Größen in die Apparatur eingegeben werden, ermittelt diese daraus die Korrekturfunktion und führt die erforderliche Kopfverschiebung aus. Das Ergebnis dieses Arbeitsganges ist ein korrigiertes Laufzeitprofil, das also keine Hyperbelkrümmung mehr aufweist.

6. Kontinuierliche Kopfverschiebung aller Spuren beim erneuten Abtasten des korrigierten Laufzeitprofils nach Maßgabe einer in die Apparatur einzugebenden Geschwindigkeits-Teufenkurve. Dadurch wird die Aufzeichnung zu einem Profilquerschnitt. Der Vorteil gegenüber dem von Hand aufgezeichneten Profilquerschnitt besteht einmal in der Ausschaltung von Irrtümern bei der Umzeichnung und andererseits darin, daß der gesamte Film mit allen seinen Einzelheiten in das Endergebnis eingeht, während manuell nur eine gewisse Horizontauswahl bearbeitet werden kann.

7. Mischung zweier oder mehrerer Filme, die nacheinander aus der gleichen Aufstellung geschossen wurden, mit dem Ziel, den Störabstand gegenüber äußeren Störungen zu verbessern. Dabei verbessert sich der Störabstand proportional der Quadratwurzel aus der Anzahl der aus der gleichen Aufstellung geschossenen Filme. Diesen Vorgang bezeichnet man auch als Stapelung.

8. Nullphasenfilterung, d. h. Filterung ohne Phasenverschiebung des Signals, was durch Umkehr der Abspielrichtung möglich ist. Das Verfahren empfiehlt sich, wenn man den apparativen Aufwand der Filter gering halten will.

Während die beiden ersten Punkte im Prinzip auch mit konventionellen Apparaturen durch Nachschüsse durchführbar sind, wobei der Zeitaufwand jedoch erheblich größer ist, werden die übrigen Bearbeitungsverfahren erst durch die Einführung der Magnetbandapparatur möglich. Dabei sei allerdings darauf hingewiesen, daß schon vor der Einführung der Magnetbandtechnik Arbeiten in dieser Richtung auf Kinofilmbasis durchgeführt wurden (PALMER 1957; Gulf Seismic Profile System, World Petroleum, März 1957; Geräteprospekt, Gosinti, Moskau 1960).

Da die in den Punkten 3 bis 8 genannten Arbeitsgänge über den Rahmen einer üblichen Registrierung zum Teil weit hinausgehen, werden sie gelegentlich mit dem Terminus „Auswertung" bzw. „elektronische Auswertung" belegt. Vor allem bei der Aufzeichnung der Resultate mehrerer Filme auf ein Blatt nebeneinander wird die Verfolgung von Horizonten wesentlich erleichtert.

Darstellungsform der Ergebnisse

Die Magnetbandaufzeichnung ist bekanntlich unsichtbar, was gegenüber der Registrierung mit dem konventionellen Schleifenoszillographen im Feldbetrieb ein entscheidender Nachteil ist, da der Geophysiker das Seismogramm gern sofort nach dem Schuß überprüft, um die Fortführung der Feldarbeit dementsprechend einzurichten. Aus diesem Grund enthalten Magnetbandapparaturen oft noch einen zusätzlichen Schleifenoszillographen, der entweder parallel zum Magnetfilm oder unmittelbar nach dem Schuß durch Abspielen des Magnetfilms einen üblichen Papierfilm herstellt.

Bei der Wiedergabeapparatur wird der Nachteil der Nichtsichtbarkeit der Magnetfilmaufzeichnung in den meisten Fällen durch ein sogenanntes Sichtgerät überwunden, das eine spezielle BRAUNsche Röhre enthält, auf der das Magnetogramm ähnlich wie auf einem Fernsehgerät in der üblichen Linienschrift sichtbar gemacht werden kann.

Da das Sichtgerät die Wirkung der Veränderung der Kopfstellung des Wiedergabegerätes und der Verstärkerparameter sofort sichtbar macht, ist damit ein schnelles Auffinden geeigneter Einstellungen möglich, ohne daß zum Beispiel erst Papierfilme angefertigt werden müssen. Man kann sich auf die Registrierung mit der endgültigen Einstellung beschränken.

Gelegentlich wird die Photographie des Schirmbildes des Sichtgerätes mit einer Spiegelreflexkamera als Filmdokument benutzt (Low Cost Data Processing, World Petroleum, März 1958). Im allgemeinen aber wird die endgültige Einstellung der Wiedergabeapparatur in Linienschrift (Wellenschrift) entweder mit Schleifenoszillographen oder seltener mit Direktschreiber (Tintenschreiber) in üblicher Weise aufgezeichnet, jedoch mit dem Unterschied, daß die Seismogramme eines Profils auf einem möglichst breiten Film lagerichtig nebeneinandergeschrieben werden. Zur Erhöhung der Übersichtlichkeit wird in geeignetem Maße verkleinert.

Die Linienschrift hat sich dabei weitgehend behauptet, da sie einerseits dem Geophysiker vertraut ist und zum anderen die Spitzen bzw. Nulldurchgänge der Reflexionen mit großer Genauigkeit zu bestimmen gestattet. Auch die Amplitudenverhältnisse sind gut zu erkennen.

Daneben sind jedoch noch andere Aufzeichnungsarten aufgekommen, die sich bei den stationären Wiedergabegeräten verhältnismäßig leicht herstellen lassen.

Vor allem verwendet man die sogenannte Dichteschrift, die in einer der Schwingungsamplitude proportionalen Schwärzung einer geradlinigen Spur besteht. Sie entspricht also der Sprossenschrift des Tonfilms und wurde m. W. auch zusammen mit letzterem 1936 in der Seismik eingeführt (Gulf Seismic Profile System, World Petroleum, März 1957; PALMER 1957). Im Detail ist sie hinsichtlich ihrer Auflösung der Linienschrift unterlegen, zeichnet sich jedoch bei größeren Profilschnitten durch größere Übersichtlichkeit aus. Als alleinige Darstellungsform hat sie keine Bedeutung erlangt.

Eine Kombination beider Schriftarten vereinigt die Vorteile von beiden (World Petroleum, März 1959, S. 88). Die Amplitude des Signals erscheint als beiderseitige Begrenzung einer schwärzungsmodulierten Spur. Das Verfahren läßt sich technisch verhältnismäßig einfach ausführen, jedoch benötigt die einzelne Spur eine ziemlich große Schreibbreite.

Weiterhin wurde auch die sogenannte Flächenschrift (variable area) angewendet, die die Fläche zwischen der Nullinie und der der Linienschrift entsprechenden Hüllkurve geschwärzt darstellt. Das Bild sieht wegen des großen Kontrastes sehr attraktiv aus. Die Frage, ob sie gegenüber anderen Schriftarten vorteilhafter ist, soll hier nicht entschieden werden, da eine objektive Beurteilung nicht leicht ist.

Daneben sind noch weitere Aufzeichnungsverfahren entwickelt worden, die jedoch noch keine praktische Bedeutung erlangt haben; zum Beispiel ein Verfahren, das lediglich bei Nulldurchgang der Signalamplitude eine Markierung gibt, oder ein anderes, bei dem eine geradlinige Spur geschrieben wird, die bei Überschreiten einer gewissen Amplitude unterbrochen wird (US Patent 2767388 und 2875017).

Magnetbandauswertegeräte

Im folgenden werden einige im Ausland produzierte Apparaturen beschrieben, die für den gegenwärtigen Entwicklungsstand charakteristisch sind. Diese Zusammenstellung ist keineswegs vollständig, und zwar schon allein deshalb nicht, weil die Gerätetechnik noch verhältnismäßig neu ist und sich daher noch in ständiger Weiterentwicklung befindet, während ausführliche Veröffentlichungen in der Literatur verhältnismäßig selten sind.

Geopac

Es handelt sich um ein mittelgroßes automatisches Auswerte- und Rechengerät zur korrigierten Wiedergabe von Magnetbandfilmen (SMITH, GUNDLACH & PHILLIPS 1957), das folgende Operationen ausführt:

1. Korrektur des Bodenprofils und der Bohrtiefe sowie der Mächtigkeit der Verwitterungsschicht. Dazu werden die Seismographenhöhen, die Bohrtiefe und die Einsatzzeiten der ersten Refraktionseinsätze mit Potentiometern eingestellt.

2. Korrektur der Aufstellungsweite. Zu diesem Zwecke wird die teufenabhängige Vertikalgeschwindigkeitskurve in 30 Geradenstücke zerlegt und über 30 Potentiometer dem Rechner zugeführt. Die Zuordnung zum Film wird dadurch gewährleistet, daß die Angaben der 30 Potentiometer von einem synchron mit der Magnettrommel umlaufenden Schleifer abgegriffen werden. Bei einem 3-sec-Film läßt sich also für jede Zehntelsekunde eine andere Geschwindigkeit einsetzen. Daraus und aus der Lage der jeweiligen Spur wird die notwendige Verzögerungszeit berechnet.

3. Korrigierte Wiedergabe der Magnetfilme mit Galvanometern auf Papierfilm. Es können zehn Filme nebeneinander auf ein Blatt 106 × 130 cm aufgezeichnet werden.

Es werden jeweils drei Magnetspuren abgetastet, wobei die Köpfe während des Abtastens die notwendigen Korrekturverschiebungen über ein Servosystem erhalten. Bei der ersten Umdrehung werden die Spuren 0,1,2, bei der zweiten 1,2,3, dann 2,3,4 usw. abgetastet. Zwischen den drei Köpfen sind beliebige Mischverhältnisse einstellbar. Je nach dem Schwerpunkt der Mischung wird das Registriergalvanometer, das die Summe der Signale der abgetasteten Spuren aufzeichnet, auf ein entsprechendes Intervall zwischen den Spuren eingestellt. Die Leistung beträgt bei einer 8-Stunden-Kapazität ca. 100 Filme. In transistorierter Ausführung ist das Gerät tragbar (ca. 50 kg).

Clevite-Magnetbandanalysator MRA-2

(TICKELL 1958)

Es handelt sich um ein vollelektronisches Großgerät, bestehend aus fünf Geräteschränken, das wahlweise Laufzeitprofile (statisch und dynamisch korrigierbar) oder Teufenprofile liefern kann. Das Gerät arbeitet mit insgesamt vier Magnetbandtrommeln. Die erste nimmt das Feldseismogramm auf und besitzt bewegliche Abtastköpfe zur Ausführung der statischen und dynamischen Korrekturen. Das so korrigierte Seismogramm wird auf eine zweite Trommel mit festen Köpfen aufgenommen. Wenn zwei Seismogramme gestapelt werden sollen, so werden sie von einer dritten und der ersten auf die zweite übertragen, von der das Ergebnis auf Papierfilm aufgezeichnet wird. Zur Synchronisierung beider Seismogramme bei Stapelung dient eine vierte Magnetbandtrommel mit einer Spur, deren Antriebsachse nicht mit der der drei anderen gekuppelt ist. Das korrigierte Seismogramm läßt sich mit einem Sichtgerät sofort beobachten. Zur Ausführung der statischen und dynamischen Korrekturen enthält die Anlage einen Analogrechner mit festverdrahtetem Programm.

SIE-Geodata-Geräte

(World Petroleum; März 1957, S. 72; März 1958, S. 66 bis 68; März 1959, S. 88—90)

Die SIE stellt unter obiger Bezeichnung zahlreiche aufeinander abgestimmte Magnetbandaufnahme- und Auswertegeräte her. Hier soll nur das Auswertegerät MS 12 behandelt werden, da es für die meisten Geräte repräsentativ ist. Es lassen sich direktmodulierte und FM-modulierte Bänder abspielen. Eine Magnetbandtrommel dient zum Abspielen des Feldseismogramms. Dieses wird statisch und dynamisch korrigiert auf ein zweites Band aufgezeichnet und außerdem in einem Sichtgerät dargestellt sowie bedarfsweise auf Papierfilm registriert. Die Korrekturgrößen werden durch Potentiometer eingegeben. Beachtenswert ist die Art der Durchführung der Korrektur. Das Gerät MS 12 und die meisten übrigen Geodata-Geräte besitzen keine verschiebbaren Köpfe, deren Verstellmechanismus bei der verhältnismäßig geringen Bandgeschwindigkeit von 19 cm/s ein schwieriges mechanisches Problem darstellt; denn eine Zeitdifferenz von z. B. einer Millisekunde wird auf einem Bogenstück von 0,19 mm abgebildet, das entspricht einem Winkel auf der Trommel von ca. 0,07°, wobei der gesamte Variationsbereich der Kopfverstellung andererseits das 200fache der genannten Werte umfassen soll. Diese Präzisionsmechanik müßte bei allen 24 Köpfen angebracht werden. SIE arbeitet aus diesen Gründen mit einer schnellaufenden magnetischen Verzögerungstrommel mit konstanter Geschwindigkeit, die unabhängig von den anderen Trommeln läuft.

Ein Aufnahmekopf registriert auf dieser Trommel das unverzögerte Signal von der Registriertrommel, während ein verschiebbarer Wiedergabekopf der Verzögerungstrommel das gleiche Signal zeitlich verzögert wieder aufnimmt. Wenn es nun wieder auf eine der Haupttrommeln aufgezeichnet wird, erscheint es in der z- bzw. t-Achse verschoben. Durch Steuerung bzw. Regelung der Stellung des Wiedergabekopfes der Verzögerungstrommel in bezug auf den Aufnahmekopf werden die erforderlichen statischen und dynamischen Korrekturen erreicht. Der Vorteil der Verzögerungstrommel besteht nun darin, daß die effektive Kopfverschiebung den nfachen Wert gegenüber der unmittelbaren Verschiebung der Köpfe der Haupttrommel hat, wenn die Verzögerungstrommel die nfache Drehzahl der Haupttrommel aufweist. Daneben ergeben sich konstruktive Vorteile des Verschiebungsmechanismus. Somit ist für das gesamte Gerät nur ein verschiebbarer Kopf erforderlich.

Carter-Oil-MT-4-Auswertegerät

(World Petroleum, März 1957, S. 74—75)

Das Gerät gehört zur Feldapparatur FR 1 und arbeitet mit Pulsweitenmodulation. Es werden sieben Trommeln benutzt (vier Seismogrammtrommeln zur Summierung von vier Feldseismogrammen). Zur Erzielung einer Übereinstimmung aller Abrisse drehen sich die Trommeln auf einer gemeinsamen Welle gegeneinander, bis die Abrisse übereinstimmen. Der Abrißvergleich erfolgt über eine weitere Trommel. Es werden statische und dynamische Korrekturen angebracht, wobei eine feste Geschwindigkeit angenommen wird; zehn Mischerprogramme sind wählbar.

Auf ähnlicher Basis wie die beschriebenen arbeiten noch mehrere andere Geräte, von denen nur einige Besonderheiten erwähnt werden sollen.

Hall Sears (s. Geräteprospekt) benutzt z. B. für die Auswertetrommel keine feste Geschwindigkeit, sondern steuert diese durch Vergleich einer 400-Hz-Spannung des Feldseismogramms und einer 400-Hz-Normalfrequenz, die in der Zentrale mit großer Genauigkeit zur Verfügung steht. Dadurch braucht man bei weitem nicht so scharfe Forderungen an die Genauigkeit der Zeitmarken des Feldseismogramms zu stellen, ohne daß das auf der Wiedergabeapparatur bearbeitete Seismogramm in dieser Hinsicht Ungenauigkeiten aufweist.

Der TI 401 Recorder (World Petroleum, März 1959, S. 79—80) arbeitet mit Differentialgetrieben zur Laufzeitkorrektur und benutzt Schablonen zur Eingabe der Geschwindigkeitsfunktionen.

Das Seismac-System (JONES 1957) gibt die Laufzeitkorrektur mit Lochkarten ein (digital). Die Verzögerung arbeitet mit zwei Verzögerungstrommeln mit verschiedenen Geschwindigkeiten ähnlich SIE, jedoch sitzen auf jeder Trommel 20 Köpfe auf den Umfang verteilt, von denen nach Maßgabe der Lochkarte je zwei ausgewählt werden. Das Verfahren erfordert großen Aufwand.

Ein interessantes Gerät zur Aufzeichnung seismischer Filme in Dichteschrift ist der „Variable Intensity Plotter (VIP)" der Firma Texas Instruments (World Petroleum, März 1958, S. 80). Das Gerät erhält simultan die Signale eines 24spurigen Magnetogramms, die als helligkeitsmodulierte Streifen auf einer nachleuchtenden 13-cm-Oszillographenröhre mit angebauter Spiegelreflexkamera erscheinen. Als Sichtgerät dient eine 50-cm-Röhre mit Speicherwirkung. Die Ablenkungsmaßstäbe sind geeicht. Man kann eine geeignete Einstellung photographisch festhalten und mehrere solcher Aufnahmen nebeneinander kopieren. Als Ergebnis erhält man Tiefenprofile, da die Ablenkspannungen geschwindigkeitsproportional verzerrt werden können. Das Gerät besitzt den Vorteil, daß es keine beweglichen Teile enthält, nachteilig ist dagegen, daß es nur Dichteschrift liefert.

Schlußbetrachtung

Im Ausland ist die Entwicklung in Richtung zur Magnetbandapparatur unverkennbar. Da die Magnetbandfeldapparaturen der letzten Jahre durch Miniaturisierung der Bauelemente durchaus nicht mehr umfangreicher als die Photoregistrierapparaturen sind, ist dies verständlich. Damit liegt für die Auswerteapparatur ein leicht zu handhabendes seismisches Dokument vor, das mit mehr oder minder großem Aufwand bearbeitet werden kann. Der Umfang der Auswerteapparatur ist wiederum von betriebsökonomischen Voraussetzungen abhängig. So ist es z. B. nicht sinnvoll, eine umfangreiche und teure Auswerteapparatur vorzusehen, wenn diese durch die Tagesproduktion eines Trupps bei weitem nicht ausgelastet wird. Eine derartige Apparatur wäre durchaus in der Lage, die Tagesproduktion von 5—10 Trupps zentral zu verarbeiten.

Die Arbeit des Geophysikers kann durch Anwendung von Magnetbandregistrier- und Auswerteapparaturen wesentlich erleichtert werden, wobei gleichzeitig die Qualität der erhaltenen Ergebnisse hinsichtlich ihrer Aussagekraft vor allem bei geologisch komplizierten Strukturen wesentlich gesteigert werden kann.

In Anbetracht der Bedeutung, die der Magnetbandapparatur für die Seismik zukommt, wurde im Technisch-Physikalischen Labor des VEB Geophysik eine Magnetbandfeldapparatur entwickelt, die seit fast zwei Jahren im Feldeinsatz steht. Weiterhin befinden sich eine Wiedergabeapparatur und ein Sichtgerät in der Entwicklung. Ferner soll in absehbarer Zeit ein Magnetbandzusatzgerät zur Verfügung stehen, das es erlaubt, mit den üblichen Feldapparaturen Magnetbandfilme zu produzieren.

Zusammenfassung

Verf. gibt einen Überblick über die Anwendungsmöglichkeiten der Magnetbandaufnahme- und Wiedergabetechnik zur Erzielung möglichst detaillierter Aussagen des Seismogramms sowie über die Möglichkeiten der Darstellung der Ergebnisse. Weiterhin werden einige im Ausland produzierte Apparaturen, die für den gegenwärtigen Entwicklungsstand charakteristisch sind, beschrieben.

Резюме

Автор дает обзор о возможностях применения приемной техники с помощью магнитной ленты и техники воспроизведения с целью возможно более детальных высказываний о сейсмограмме, а дальше о возможностях изображения результатов. Кроме того, описываются некоторые заграничные аппаратуры, характерные для современного состояния развития.

Summary

The author reviews the possibilities of application of magnetic recording and reproduction systems to obtain statements as detailed as possible of the seismogram, as well as the practicability of representing the results obtained. Moreover, foreign equipment characteristic of the actual status of development is described.

Literatur

HAALCK, H.: Lehrbuch der angewandten Geophysik II. — Verlag Borntraeger, Berlin 1958.
JONES, H. J.: Central Office Processing of Office Data. — World Petroleum, März 1957, S. 68—80.
PALMER, E. M.: The Gulf Seismic Profile Printer. — Geophysics, April 1957.
RUST, W. M.: Eine Methode der Darstellung seismischer Informationen. — US-Patent 2767 388.
SALIS, K. H.: Einige spezielle Möglichkeiten für die Abspielung seismische Magnetogramme. — Vortrag auf der 18. Tagung der EAEG in Wien 1960.
SMITH, GUNDLACH & PHILLIPS: Geopac. — World Petroleum, März 1957, S. 76.
TICKELL, E. B.: Magnetic Record Analyser. — World Petroleum, März 1958, S. 64.
Geräteprospekt „Apparatur zur Richtungsregulierung beim Empfang seismischer Wellen". — Gosinti, Moskau.
Geräteprospekt „Hall-Sears Servo Computer HS 900".
Gerät zur Aufzeichnung von Schwingungen. . . — US-Patent 2875017.
Gulf Seismic Profile System. — World Petroleum, März 1957.
SIE Record-Analysis System. — World Petroleum, März 1957, S. 72.
Carter Oil Labs Develop Field and Office Magnetic Machines. — World Petroleum, März 1957, S. 74—75.
Portability Stressed. — World Petroleum, März 1958, S. 66—68.
Low Cost Data Processing. — World Petroleum, März 1958, S. 80.
Economical Magnetic Tape Processing. — World Petroleum, März 1959, S. 79—80.
Seismod. — World Petroleum, März 1959, S. 88.
Three New SIE Systems. — World Petroleum, März 1959 S,. 88—90.

Zeitschrift für angewandte Geologie (1961) Heft 9

Vergleichende Schwermineraluntersuchungen im Tertiär und Pleistozän Mecklenburgs

HARALD WEYRICH, Schwerin

Einführung

Bei der großen Bedeutung, die die Schwermineralanalyse in den letzten Jahrzehnten in der Geologie erlangt hat — es sei hier z. B. nur an Arbeiten von K.-H. SINDOWSKI (1938), C. H. EDELMANN (1938) und R. WEYL (1952, 1959) erinnert —, erscheint es notwendig, einmal auf einige Ergebnisse im Raume Mecklenburg einzugehen. Verf. ist sich natürlich darüber im klaren, daß noch viele Fragen offenbleiben und im weiteren Verlaufe der Untersuchungen sicher noch manche Präzisierung erforderlich sein wird.

Die Grundlagen zu vorliegender Arbeit bilden im Mineralogisch-Petrographischen Laboratorium des Geologischen Dienstes Schwerin in den letzten $1^1/_2$ Jahren von K. LANDGRAF, I. RUDOLPH und H. WEYRICH durchgeführte Schwermineralanalysen pleistozäner und tertiärer Sedimente (Geschiebemergel und Sande). Da die Anzahl der untersuchten Proben noch zu gering ist, wird das untersuchte Material hier nicht paläogeographisch oder genetisch ausgewertet. Es sollen vielmehr die faziellen Unterschiede zwischen Pleistozän und Tertiär dargestellt werden, soweit sie sich im Schwermineralbestand ausdrücken.

Zur Methodik

Die Aufbereitung des Materials erfolgte mit 10%igem Wasserstoffperoxyd und anschließender Behandlung der Probe mit 7%iger Salzsäure, um den Kornverband zu zerstören (bei Geschiebemergel) und evtl. vorhandene organische Beimengungen sowie dünne Oxydüberzüge zu entfernen. Untersucht wurde dann das mittels Bromoform im einfachen Scheidetrichter abgetrennte Schwermineralkonzentrat der Fraktion 0,2 bis 0,1 mm.

Die graphische Darstellung der Ergebnisse erfolgte im Dreieckdiagramm, wobei die Mineralien (ohne Muskovit, Opake und „Sonstige") in Anlehnung an eine von R. WEYL (Schwermineraluntersuchungen im schleswig-holsteinischen Jungtertiär) aufgestellte Stabilitätsreihe in drei Gruppen zusammengefaßt wurden. R. WEYL teilte die Schwermineralien entsprechend ihrer Stabilität gegenüber den Verwitterungsvorgängen in vier Gruppen ein.

Extrem stabil:	Rutil, Zirkon, Turmalin, Titanit
stabil:	Andalusit, Staurolith, Disthen, Sillimanit
instabil:	Granat, Epidot
extrem instabil:	Hornblende, Pyroxen

Dabei bezog er sich auf die Verwitterungsvorgänge im Jungtertiär Schleswig-Holsteins.

Um nun eine Darstellung im Dreieckdiagramm zu ermöglichen, wurden diese vier Gruppen zu drei Gruppen zusammengefaßt, und zwar:

Extrem stabil + stabil	zu	stabil
instabil	zu	metastabil
extrem instabil	zu	instabil

Über die Berechtigung einer Anwendung dieser Gruppenteilung auf tertiäre und pleistozäne Sedimente läßt sich streiten, da die Verwitterungsvorgänge unterschiedlichen Charakter besitzen und ein und dasselbe Mineral bei verschiedenen Verwitterungsbedingungen seine Stabilität ändern kann. Das Einteilungsschema wird hier jedoch im Sinne eines Ordnungsprinzips gebraucht, um in einem Diagramm die Fazies mehrerer Proben vergleichen zu können. Daraus ergibt sich somit auch die Notwendigkeit einer Zusammenfassung in drei Komponentengruppen.

Die meisten der untersuchten Proben stammen, wie aus Tab. 1 ersichtlich ist, von den in Südwestmecklenburg gelegenen Fundorten Hohen Woos, Malliss und Kavelmoor.

Tab. 1. Herkunft des Untersuchungsmaterials

Proben-Nr.	Material	Herkunft	Teufe	Stratigraphische Stellung
81	Mittelsand	Bohrung Hohen Woos 1/59	37,6—38,0 m	Tertiär, fluviatil-terrestrisch
82	Mittelsand	Bohrung Hohen Woos 1/59	36,0—37,0 m	
83	Feinsand	Bohrung Hohen Woos 1/59	28,0—29,0 m	
90	Mittelsand	Bohrung Hohen Woos 2/59	53,5—54,0 m	
91	Mittelsand	Bohrung Hohen Woos 2/59	44,0—45,0 m	
92	Feinsand	Bohrung Hohen Woos 2/59	39,0—40,0 m	
207	Feinsand	Malliss	—	
208	Feinsand	Malliss	—	
76	Feinsand	Bohrung Hohen Woos 1/59	79,0—80,0 m	Tertiär, marin
85	Feinsand	Bohrung Hohen Woos 2/59	89,0—90,0 m	
210	Feinsand	Kiesgrube Kavelmoor	—	
212	Feinsand	östl. Malliss	ca. 1,6 m (Schurf)	
101	Geschiebemergel	Bohrung Elmenhorst	3,9— 6,4 m	Pleistozän
102	Geschiebemergel	Wasserbohrung Neu-Sührkow	9,5—13,0 m	
103	Geschiebemergel	Bohrung Elmenhorst	80,25—98,0 m	
104	Geschiebemergel	Wasserbohrung Tollenseheim	45,0—45,6 m	
105	Geschiebemergel	Bohrung Hohen Woos 2/59	19,5—20,0 m	
106	Geschiebemergel	Bohrung Hohen Woos 1/59	16,0—16,5 m	
107	Mittelsand	Bohrung Hohen Woos 2/59	12,5—13,0 m	
108	Mittelsand	Bohrung Hohen Woos 1/59	7,0— 7,3 m	
109	Geschiebemergel	Bohrung Elmenhorst	21,1—25,75 m	
110	Geschiebemergel	Bohrung Elmenhorst	12,6—17,1 m	
149	Mittelsand	Hydrogeologische Pionierbohrung 5/60 Daberkow	93,7—94,7 m	

Ergebnisse

Tab. 2 zeigt den Gesamtschwermineralbestand der untersuchten Fraktion der Proben (ohne Zusammenfassung und Umrechnung in Gruppen).

Das Verhältnis von „Durchsichtigen Mineralien" zu „Opaken" wurde als gesondertes Verhältnis berechnet, d. h., die „Durchsichtigen" wurden = 100% gesetzt und die „Opaken"

Tab. 2. Schwermineralbestand

Proben-Nr.	Aktinolith	Andalusit	Augit	Biotit	Chlorit	Diopsid	Disthen	Epidot	Flußspat	Granat	Hornblende	Korund	Olivin	Orthit	Rutil	Sillimanit	Spinell	Staurolith	Titanit	Topas	Turmalin	Zirkon	Zoisit	Sonstige	Durchsichtige	Opake
81	1,1				1,8		24,4	4,5		5,3	2,6		15,5	3,0	1,8	2,3		6,0			17,0	3,8		10,6	(100)	195,9
82	0,3	1,7		1,0	2,4		24,1	9,5		5,7	0,3	0,7	14,9	4,8	0,7	1,7		5,1			12,2	1,0		13,5	(100)	136,6
83	3,6				3,1		26,9	4,1		6,8	0,4		11,4	1,8	3,1	3,7		3,7			17,3	3,1		10,9	(100)	252,0
90			0,7	0,7	2,2		21,4	3,4		10,3	2,5		10,3	1,9	4,6	2,6		6,3			9,4	11,5		11,3	(100)	533,5
91	1,8	0,7	0,7		4,9		28,4	3,1		3,1	0,3		13,1	0,3	5,2	3,4		4,1			15,6	3,1		12,1	(100)	211,2
92	2,7		1,0		1,4		31,8	3,4		3,0	1,0		9,2	0,7	2,7	2,3		6,1			14,6	6,1		13,8	(100)	298,9
207						3,3	38,4	0,9		1,4	5,5		19,2		2,6	14,9		2,8			7,0	0,7		2,3	(100)	229,0
208						8,7	12,9	0,9		25,6	3,2		8,3		4,9	10,0		10,3			5,2	8,9		1,4	(100)	200,0
76	0,3		3,6	1,0	0,3		6,5	18,0		13,1	25,2		1,3	0,3	2,3	0,3		0,7			1,3	7,5		18,3	(100)	140,2
85	1,6	0,5	0,2	0,2	1,4		2,8	15,3		5,1	50,3		1,2	0,9	0,5	1,2		1,4			4,4	1,6	0,2	8,6	(100)	37,8
210							8,2	16,5		0,7	39,8		12,9		1,4	2,8		2,6	8,5		3,3			3,2	(100)	45,0
212		0,4					9,7	41,8		4,2	23,2		4,6		3,4	2,1		2,1			7,6			0,9	(100)	40,0
101				5,1		0,9	1,3	2,9		24,4	50,8				0,9	0,4		0,9				6,7	3,7	2,9	(100)	41,0
102			0,9	1,9			0,5	16,6		7,3	51,2	0,5	0,9	1,9	0,9	2,4		0,5	0,9		1,4	3,9	1,9	5,9	(100)	50,7
103			1,5	1,5			3,0	19,0	0,5	15,5	46,5		2,5	0,5	0,5	0,5		1,5			1,5	2,0	1,0	2,5	(100)	35,5
104	1,4			2,3			2,8	34,4		16,3	29,7			1,8	1,8	0,4	0,4	1,4			2,3	2,8	0,4	1,8	(100)	110,9
105				3,1	0,9		1,8	31,3		17,4	31,3				1,3	1,8				1,3	0,9	2,6	3,5	2,2	(100)	39,8
106				2,2			1,4	29,1		23,1	31,2				1,4	0,7	0,4	0,4		0,4	0,7	4,8	2,2	2,0	(100)	95,7
107			0,4	1,8			1,8	33,2		20,4	26,4		0,4	2,5	1,1	0,4	0,7	1,1		0,7	1,4	3,6	1,4	2,8	(100)	73,1
108	0,9		1,4	4,8			5,3	25,1		28,5	15,4		1,4	1,4	1,4	0,5		1,4		1,9	0,5	3,4	1,9	4,2	(100)	110,9
109			2,3	2,8			0,8	6,6	0,9	20,1	51,2		0,5	1,4	0,5	1,4					1,4	4,3	2,4	3,2	(100)	51,1
110			0,9	3,2		0,9	0,4	4,5	0,4	21,4	52,4			0,4	0,9	0,4		1,8			1,3	4,1	2,4	3,7	(100)	22,7
149	0,5			1,5			1,0	18,5		30,0	27,5		1,5	1,5	1,5	1,0		2,5			3,0	5,5	1,0	3,5	(100)	80,5

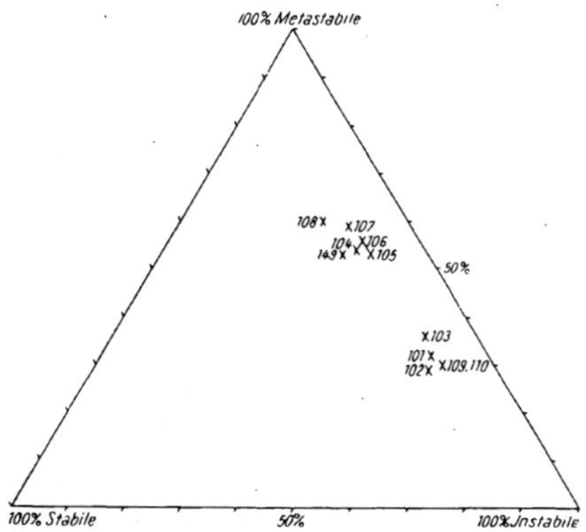

Abb. 1. Schwermineralfazies pleistozäner Proben

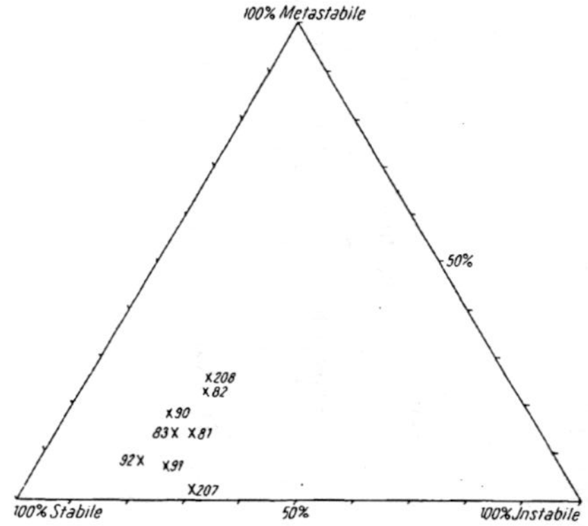

Abb. 2. Schwermineralfazies fluviatil-terrestrischer tertiärer Proben

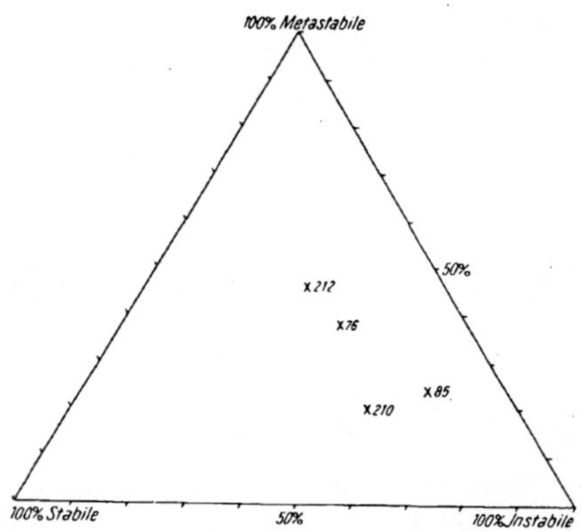

Abb. 3. Schwermineralfazies marin-tertiärer Proben

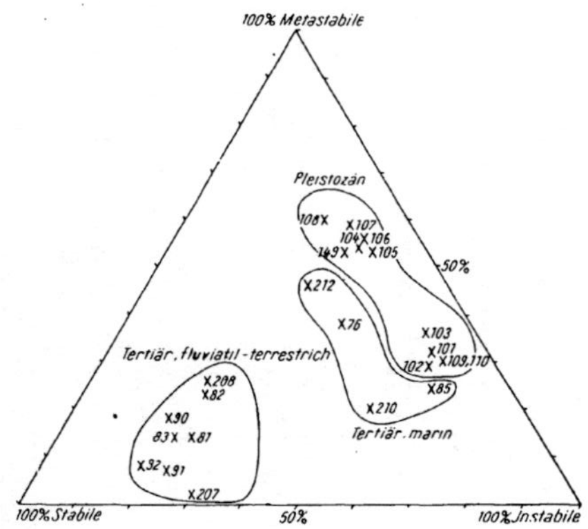

Abb. 4. Vergleich der Schwermineralfazies tertiärer und pleistozäner Proben

Tab. 3. Hornblende- und Disthengehalte der Fraktion 0,2–0,1 mm fluviatil-terrestrischer tertiärer Proben

Proben-Nr.	Hornblende		Disthen	
208	3,2	Kornanteil-%	12,9	Kornanteil-%
207	5,5	,,	38,4	,,
92	1,0	,,	31,8	,,
91	0,3	,,	28,4	,,
90	2,5	,,	21,4	,,
83	0,4	,,	26,9	,,
82	0,3	,,	24,1	,,
81	2,6	,,	24,4	,,

Tab. 4. Hornblende- und Disthengehalte marin-tertiärer Proben

Proben-Nr.	Hornblende	Disthen
212	23,2	9,7
210	38,7	8,2
85	50,3	2,8
76	25,2	6,5

Tab. 5. Hornblende- und Disthengehalte pleistozäner Proben

Proben-Nr.	Hornblende	Disthen
149	27,5	1,0
110	52,4	0,4
109	51,2	0,8
108	15,4	5,3
107	26,4	1,8
106	31,2	1,4
105	31,3	1,8
104	29,7	2,8
103	46,5	3,0
102	51,2	0,5
101	50,8	1,3

Tab. 6. Granatgehalte mariner Tertiärproben und pleistozäner Proben

Proben-Nr.	Granatgehalte	Stratigraphische Stellung
212	4,2	Tertiär, marin
210	0,7	,, ,,
85	5,1	,, ,,
76	13,1	,, ,,
149	30,0	Pleistozän
110	21,4	,,
109	20,1	,,
108	28,5	,,
107	20,4	,,
106	23,1	,,
105	17,4	,,
104	16,3	,,
103	15,5	,,
102	7,3	,,
101	24,4	,,

dann im entsprechenden Verhältnis dazu angegeben. Muskovit wurde nicht mit ausgezählt bzw. bei der Berechnung der Kornanteilprozente nicht berücksichtigt.

Aus dem Diagramm 1, in das die untersuchten Pleistozänproben eingetragen sind, gleichgültig, ob es sich um Geschiebemergel (101–106, 109, 110) oder Sand (149, 107 und 108) handelt, ist deutlich zu ersehen, daß (nach der gewählten Einteilung) die Schwermineralfazies der Fraktion 0,2–0,1 mm sämtlicher Proben im instabil/metastabilen Bereich liegt (Abb. 1). Es sei noch erwähnt, daß die untere „Wertegruppe" (101–103, 109, 110) sämtlich Proben entspricht, deren Gehalt an Material mit einer Korngröße unter 0,063 mm größer ist als bei den der oberen „Wertegruppe" entsprechenden Proben.

In Diagramm 2 sind die als fluviatil-terrestrisch bezeichneten Tertiärproben eingetragen. Die Punkte der Schwermineralfazien befinden sich in der stabilen Ecke des Dreieckdiagramms. Es herrscht also eine ausgesprochene metamorph-stabile Assoziation vor, was mit Ergebnissen der Untersuchungen von C. H. EDELMANN im Jungtertiär (1932–1937) übereinstimmt (Abb. 2).

Tab. 3, in der die Prozentwerte für Disthen (als stabiles Mineral) den Hornblendegehalten gegenübergestellt sind, zeigt deutlich das Überwiegen des Disthengehalts.

Ganz anders dagegen liegen die Verhältnisse beim marinen Tertiär (Abb. 3). Ähnlich den pleistozänen Proben herrschen hier die instabilen und metastabilen Mineralien gegenüber den stabilen vor (Tab. 4 und 5).

Bei einer Gegenüberstellung der drei untersuchten Probengruppen (Abb. 4) ergibt sich, daß der Unterschied im Schwermineralbestand zwischen fluviatil-terrestrischen tertiären und marin-tertiären Proben bei weitem größer ist als zwischen den marin-tertiären Proben und den Pleistozänproben, die sich in der Darstellung überlagern oder zumindest sehr nahe beieinanderliegen.

Einen Anhaltspunkt über die Einstufung Tertiärmarin oder Pleistozän könnte jedoch der Granatgehalt bieten, der bei den pleistozänen Proben im allgemeinen höher ist (Tab. 6).

Zusammenfassung

Anhand einer Gegenüberstellung der Schwermineralfazies tertiärer und pleistozäner Sedimente in Dreieckdiagrammen werden die Unterschiede der betreffenden Sedimente hinsichtlich ihrer Schwermineralführung diskutiert.

Резюме

На основе сопоставления фаций тяжелых минералов третичных и плейстоценовых осадков в треугольной диаграмме обсуждаются различия между названными осадками по содержанию тяжелых минералов.

Summary

By comparing the heavy mineral facies of Tertiary and Pleistocene sediments in triangular coordinate diagrams, a discussion is presented on the differences existing between the sediments in question with regard to their heavy mineral bearing.

Literatur

EDELMANN, C. H.: Ergebnisse der sedimentpetrologischen Forschung in den Niederlanden und den angrenzenden Gebieten. – Geol. Rdsch., **29**, S. 223–273 (1938).

LANDGRAF, K.: Sedimentpetrographische Untersuchungen der Kartierungsbohrungen Hohen Woos 1 und 2/59. – Arch. VEB Geologische Erkundung Nord, Schwerin.

RUDOLPH, I.: Untersuchungen tertiärer Sandproben aus dem Gebiet von Malliss (Südwestmecklenburg). – Arch. VEB Geologische Erkundung Nord, Schwerin.

SINDOWSKI, K.-H.: Über die Verwitterbarkeit der Schwermineralien. – Z. deutsch. geol. Ges., **90**, S. 626ff. (1938).

WEYL, R.: Schwermineraluntersuchungen im Schleswig-holsteinischen Jungtertiär. – Z. deutsch. geol. Ges., **104**, S. 99ff. (1952).

– Zur Ausdeutbarkeit der Schwermineralvergesellschaftungen. – Erdöl und Kohle, **2**, S. 221ff. (1959).

WEYRICH, H.: Schwermineraluntersuchungen pleistozäner Sedimente aus Mecklenburg. – Arch. VEB Geologische Erkundung Nord, Schwerin.

Zum Grunddiagramm Sand-Ton-Karbonat

Bemerkungen zur Arbeit von H. FÜCHTBAUER 1959[1])

KARL-HEINZ BERNSTEIN, Freiberg (Sa.)

Das Grunddiagramm Sand-Ton-Karbonat stellt einen wichtigen Teil der Veröffentlichung von H. FÜCHTBAUER „Zur Nomenklatur der Sedimentgesteine" dar. Diese Arbeit ermöglicht eine relativ klare und reproduzierbare Ansprache und Einstufung der meisten Sedimentgesteine. Deshalb ist diese für den Feldgebrauch wie auch für das Labor entwickelte Nomenklatur von einer Reihe kartierender Geologen bei uns schon angewandt worden. Auf der Grundlage dieser Nomenklatur soll auch eine einheitliche und verbindliche Ansprache und Einstufung der Sedimentgesteine ausgearbeitet werden. Aus diesem Grunde ist es notwendig, das Nomenklaturschema von FÜCHTBAUER einer kritischen Untersuchung zu unterziehen. Im folgenden soll nur auf das Grunddiagramm Sand-Ton-Karbonat eingegangen werden und nicht auf die übrigen Probleme wie Korngrößeneinteilung usw. Bewußt werden die Bezeichnungen von FÜCHTBAUER so weit wie möglich beibehalten, um keine weitere neue Nomenklatur zu schaffen.

Leider hat FÜCHTBAUER in seiner Arbeit das Diagramm, seine Herleitung und seine spezielle Anwendung recht kurz behandelt. Auf diese Weise ist es zu Mißverständnissen und z. T. zur Ablehnung des Diagramms gekommen. Deshalb soll hier auch eine Erläuterung des Grunddiagramms gegeben werden.

Abb. 1 zeigt das Grunddiagramm von FÜCHTBAUER in seiner anfänglich etwas verwirrenden Vielfalt. Dieses Diagramm ist ein gleichseitiges Dreieck, das durch neun Linien in 25 ungleich große Felder geteilt wird.

Ein Vergleich mit der Abb. 2 zeigt, daß sechs Linien den 10- bzw. 25%-Linien von Sand, Ton und Kalk entsprechen. Diese Linien verlaufen jeweils parallel zu den Seiten des Dreiecks. Die Linien gleicher Prozentgehalte an Karbonaten verlaufen parallel zur Basis des Dreiecks, die Linien für gleiche Gehalte an Ton verlaufen von rechts oben nach links unten, d. h. parallel zur linken Seite des Dreiecks. Die Prozentlinien für Sand laufen entsprechend von links oben nach rechts unten, also parallel zur rechten Seite des Dreiecks (vgl. Abb. 2).

Die Teilung des Grunddiagramms wird durch weitere drei Linien, die jeweils bei 50% beginnen und senkrecht auf den Dreiecksseiten stehen, vorgenommen. Der Vergleich mit Abb. 2 ergibt, daß es sich nicht um Linien gleicher Prozente handelt. Da die Linien bei 50% beginnen und zum Mittelpunkt des Dreiecks bzw. zum gegenseitigen Ende des gleichseitigen Dreiecks weisen, sind hier die Verhältnisse der einzelnen Komponenten und nicht die prozentualen Anteile zugrunde gelegt worden. Nehmen wir als Beispiel in Abb. 1 das Feld

kTS (kalkiger, stark toniger Sand).

Ein Vergleich mit Abb. 2 zeigt, daß bei kTS der Tongehalt 25% nicht unterschreiten darf. Allerdings ist die Grenze zum kST hin variabel (37,5 bis 45% Ton). Diese wechselnde Grenze wird durch die Nichteinbeziehung des Karbonats verursacht. Während bei den Prozentlinien eine Komponente zwei anderen gleichwertig gegenübergestellt wird, ist bei den Verhältnislinien die dritte Komponente nicht gleichwertig. Auch die dreizählige Symmetrie dieser Verhältnislinien im Grunddiagramm (Abb. 1) kann darüber nicht hinweghelfen. Dieser Widerspruch zwischen Prozent- und Verhältnisteilung kommt auch in der Arbeit von FÜCHTBAUER klar zum Ausdruck. Der erklärende Text zum Grunddiagramm gibt ein anderes Bild als das Diagramm selbst. So sagt FÜCHTBAUER auf S. 608: „Übersteigt die Beimengung 25%, so wird man bei Kalkgehalten zwischen 25 und 50% von Kalksandstein (oder stark kalkigem Sandstein), bei solchen zwischen 50 und 75% von Sandkalk (oder stark sandigem Kalkstein) sprechen." Die Darstellung dieser prozentualen Bereiche (nach Abb. 2) soll Abb. 3b zeigen. Dabei sind die Bereiche für die Kalkgehalte von 25 bis 50% schwach und die von 50—75% stark schraffiert bzw. punktiert.

Die Kalksandstein und Sandkalk entsprechenden Felder (KS und SK) im Grunddiagramm sind in Abb. 3a dargestellt. Zwar beginnen die fraglichen Prozentlinien für die Kalkgehalte in Abb. 3a und b alle in den gleichen Punkten (A, B, C) an der linken Seite des Dreiecks, aber

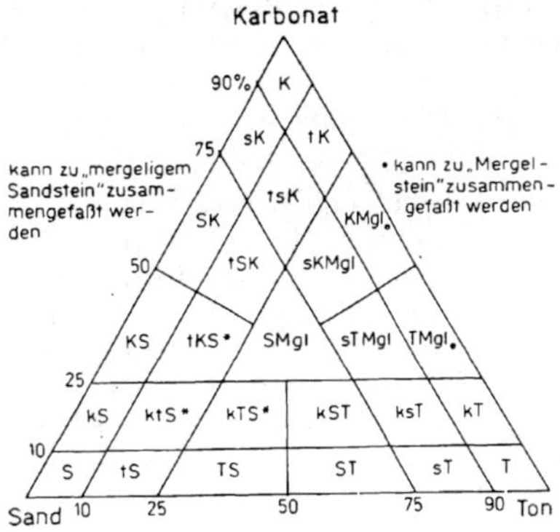

Abb. 1. Grunddiagramm Sand-Ton-Karbonat, nach einem gemeinsamen Entwurf von H. FÜCHTBAUER & G. MÜLLER (FÜCHTBAUER 1959, Abb. 5)

S — Sand oder stark sandig, s — sandig, K — Kalk (Dolomit) oder stark kalkig (dolomitisch), k — kalkig (dolomitisch), T — Ton oder stark tonig, t — tonig, Mgl — Mergel (nähere Erläuterungen im Text)

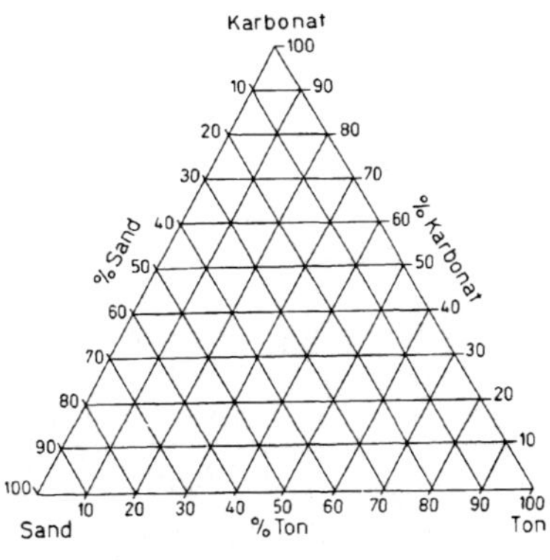

Abb. 2. Sand-Ton-Karbonat-Dreieck mit prozentualer Einteilung der einzelnen Komponenten
(aus technischen Gründen wurden nur die 10%-Linien dargestellt)

[1]) H. FÜCHTBAUER: Zur Nomenklatur der Sedimentgesteine. — Erdöl und Kohle, Jg. 12, S. 605—613, Hamburg 1959.

nur die 25%-Kalklinien stimmen überein. Die bei B beginnende Linie entspricht in Abb. 3a (und demnach auch in Abb. 1) nicht der 50%-Kalklinie, sondern der Verhältnislinie 1:1 zwischen Sand und Kalk. Bei Punkt E in Abb. 3a sind z. B. nicht 50% Kalk, sondern nur 37,5% vorhanden (vgl. dazu Abb. 2). In FÜCHTBAUERs Text werden die Verhältnislinien jedoch überhaupt nicht berücksichtigt.

Die in C bei 75% Kalk beginnende Linie stellt in Wirklichkeit die 25%-Linie des Sandgehalts dar. Bei Punkt F findet man nicht (wie man nach FÜCHTBAUERs Text vermutet) 75% Kalk, sondern nur 50% Kalk. Die richtigen Kalkprozentlinien sind aus Abb. 3b zu ersehen. Diese geschilderten Widersprüche treten nicht nur bei den schwach tonigen Gesteinen (KS und SK) auf, die bis 10% Ton enthalten, sondern auch bei den tonigen Gesteinen (tKS und tSK), die 10—20% Ton aufweisen.

Zuerst vermutet man, daß es sich im Text um eine kleine Ungenauigkeit im Ausdruck handelt; aber der weitere Text FÜCHTBAUERs zeigt, daß hier ein prinzipieller Fehler vorliegt: „Entsprechendes gilt für die beiden anderen Seiten des Dreiecks: Tonsandstein oder stark toniger Sandstein (25 bis 50% Ton) und Sandtonstein oder stark sandiger Tonstein (50 bis 75% Ton) bzw. Tonmergelstein (25 bis 50% Kalk) und Kalkmergelstein (50 bis 75% Kalk).“ Die Abb. 4 und 5 zeigen die Gegenüberstellung von Diagramm und Text. Auch hier ist der Widerspruch zwischen Wort und Bild (hervorgerufen durch die falsche Anwendung der Verhältnisteilung im Grunddiagramm) einwandfrei zu sehen.

Die Lösung dieses Widerspruches liegt in der ausschließlichen Anwendung der prozentualen Teilung, wie sie im Grunddiagramm für 10 und 25% schon angewandt wurde. In den Abb. 3b, 4b und 5b ist diese Teilung durchgeführt worden. Abb. 6 zeigt die Kombination dieser drei Abbildungen. Hier sind allerdings 43 sehr ungleich große Felder entstanden. Dies hat seine Ursache in der hier angewandten prozentualen Teilung, nämlich 10, 25, 50, 75, 90, die keine gleichmäßige Teilung des Dreiecks zuläßt.

Bei einer Gliederung einer Dreiecksseite in acht Teile – dies entspricht Linien von 12,5% ($^1/_8$); 25% ($^2/_8$); 37,5% ($^3/_8$); 50% ($^4/_8$); 62,5% ($^5/_8$); 75% ($^6/_8$) und 87,5% ($^7/_8$) – würde eine völlig gleichmäßige Teilung in 64 gleich große Dreiecke erfolgen (Abb. 7). Die 25-, 50- und 75%-Linien würden bleiben, die 37,5- und 62,5%-Linien werden für das diskutierte FÜCHTBAUERsche Schema nicht benötigt. Lediglich die 10%-Linie müßte in die 12,5%-Linie umgewandelt werden (analog die 90%-Linie in eine 87,5%-Linie). Dies ist aber ohne weiteres vertretbar, da FÜCHTBAUER von etwa 10% (Sand, Ton oder Karbonat) schreibt, die man deutlich wahrnehmen kann. Eine wohlbegründete Grenze existiert ohnehin nicht.

Diese neue Einteilung in gleichgroße Felder läßt auch die von FÜCHTBAUER in seiner Vorbemerkung geforderte Modifizierbarkeit in der Ansprache in weit größerem Maße zu als sein Grunddiagramm. Die verschieden dick gezeichneten Linien im Diagramm (Abb. 7) zeigen, daß es sich wahlweise zwischen 4, 16 und 64 Felder variieren läßt. Zwischen diesen Teilungen sind aber noch weitere möglich, z. B. in 40 Felder (vgl. Abb. 11). Die einzelnen Felder sind dann zwar nicht mehr gleich groß, sie stehen jedoch in einem ganzzahligen Verhältnis zueinander. Die größeren Felder sind doppelt oder dreimal so groß wie die untereinander gleichgroßen kleineren Felder. Nur das Mittelfeld ist viermal so groß. Bei statistischen Auswertungen dürfte dieser Umstand der einfachen Beziehungen der Flächen zueinander von erheblicher Bedeutung sein.

Das einfachste Grunddiagramm mit vier gleichberechtigten Feldern zeigt Abb. 8. Ein Vergleich mit der beigegebenen Tabelle ergibt, daß ein Sandstein überwiegend (= 50—100%) aus Sand besteht. Entsprechendes gilt für Ton und Karbonat. Weiterhin erhält man ein Mittelfeld, das Gesteine charakterisiert, die keine der

---

Abb. 3. Karbonat-Sand-Gesteine im Grunddiagramm
Abb. 3a – Abgrenzungen nach Abb. 1; Abb. 3b – Abgrenzungen nach FÜCHTBAUERs Text

Abb. 4. Ton-Sand-Gesteine im Grunddiagramm
Abb. 4a – Abgrenzungen nach Abb. 1; Abb. 4b – Abgrenzungen nach FÜCHTBAUERs Text

Abb. 5. Karbonat-Ton-Gesteine im Grunddiagramm
Abb. 5a – Abgrenzung nach Abb. 1; Abb. 5b – Abgrenzungen nach FÜCHTBAUERs Text

Abb. 6. Kombiniertes Diagramm aus den Abbildungen 3b, 4b und 5b

Abb. 7. Vorschlag einer neuen Einteilung des Grunddiagramms (mit 40 bzw. 64 Feldern)

Abb. 8. Grunddiagramm mit vier Feldern
(Zeichenerklärung Abb. 8–11 s. Tab.)

Abb. 9. Grunddiagramm mit 16 Feldern ohne Einbeziehung des Mergelbegriffs
[1]) möglich sind auch noch: $\overline{STK}$, $\overline{KTS}$, $\overline{KST}$, $\overline{TSK}$ und $\overline{TKS}$

Abb. 10. Grunddiagramm (16 Felder) von Abb. 9 unter Einbeziehung des Mergelbegriffs

Abb. 11. Vorschlag der neuen Einteilung des Grunddiagramms
In Klammern die ursprünglich abgeleiteten Bezeichnungen vor Einführung des Mergelbegriffs

Tab. Erklärung der Abkürzungen zu den Abb. 8 bis 11 sowie Festlegung der Grenzgehalte

S	Sand bzw. Sandstein	50 –100 % Sand
T	Ton bzw. Tonstein	50 –100 % Ton
K	Kalk bzw. Kalkstein oder Dolomit	50 –100 % Karbonat
wvS	Sand, wenig verunreinigt (bis rein)	87,5–100 % Sand
wvT	Ton, wenig verunreinigt (bis rein)	87,5–100 % Ton
wvK	Kalk, wenig verunreinigt (bis rein)	87,5–100 % Karbonat
vS	Sand, (mäßig) verunreinigt	75 – 87,5% Sand
vT	Ton, (mäßig) verunreinigt	75 – 87,5% Ton
vK	Kalk, (mäßig) verunreinigt	75 – 87,5% Karbonat
$\overline{S}$	Sand – [1])	25 – 50 % Sand
$\overline{T}$	Ton – [1])	25 – 50 % Ton
$\overline{K}$	Kalk – [1])	25 – 50 % Karbonat
$\overline{s}$	stark sandig	25 – 50 % Sand
$\overline{t}$	stark tonig	25 – 50 % Ton
$\overline{k}$	stark kalkig	25 – 50 % Karbonat
s	sandig	12,5– 25 % Sand
t	tonig	12,5– 25 % Ton
k	kalkig	12,5– 25 % Karbonat
M	Mergel	25 – 75 % Karbonat
	und gleichzeitig	75 – 25 % Ton

[1]) Anzuwenden für Mischgesteine aus Sand, Ton und Karbonat, wenn alle drei Komponenten in Gehalten unter 50% vorliegen!

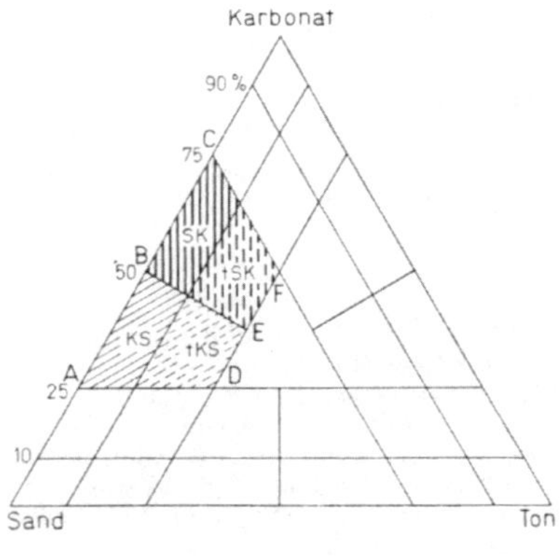

Abb. 3a

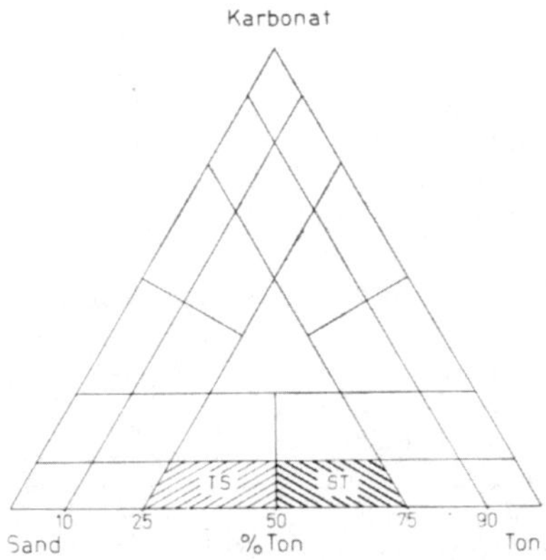

Abb. 4a

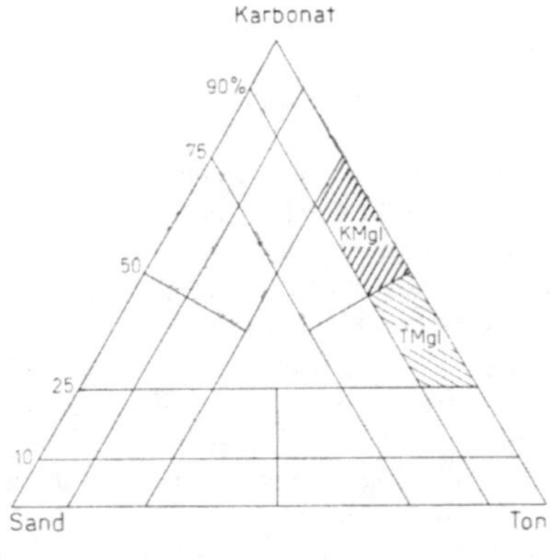

Abb. 5a

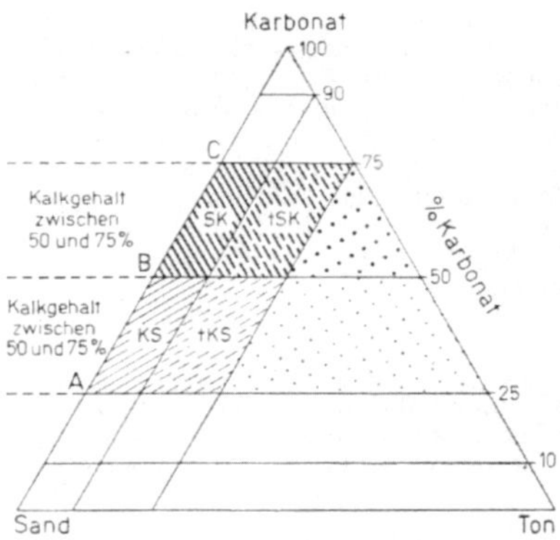

Abb. 3b

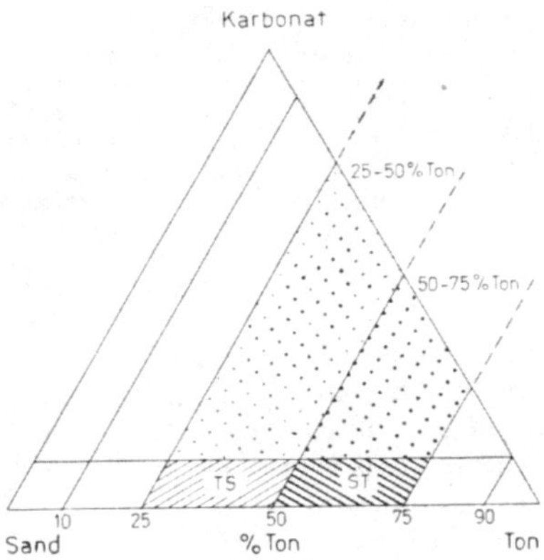

Abb. 4b

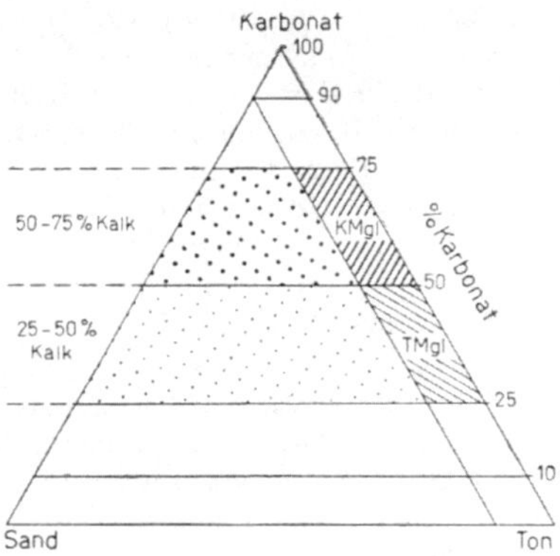

Abb. 5b

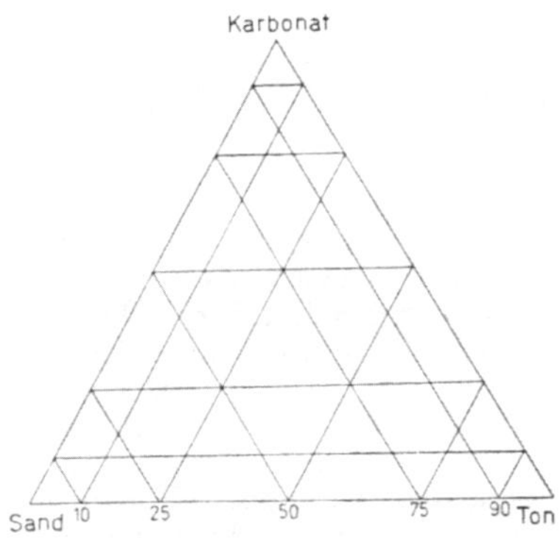

Abb. 6

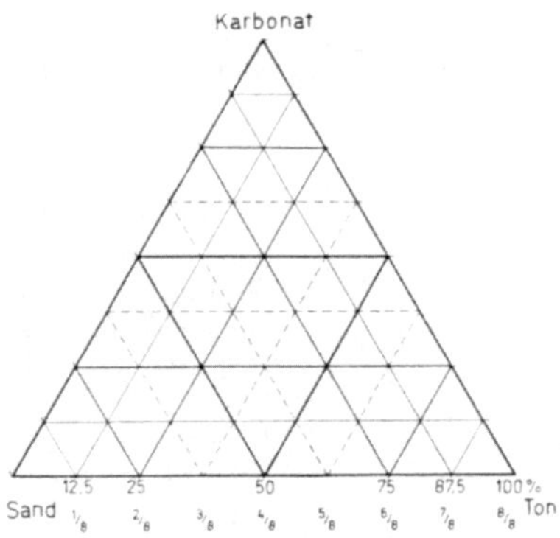

Abb. 7

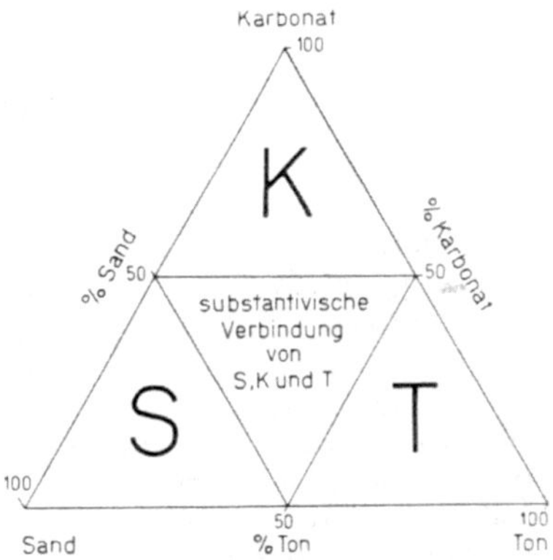

Abb. 8

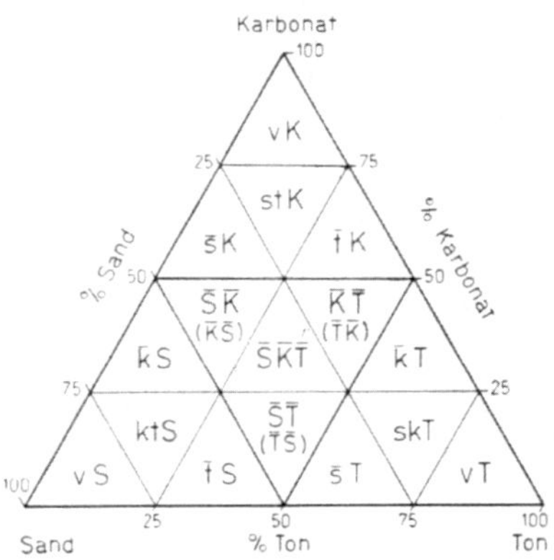

Abb. 9

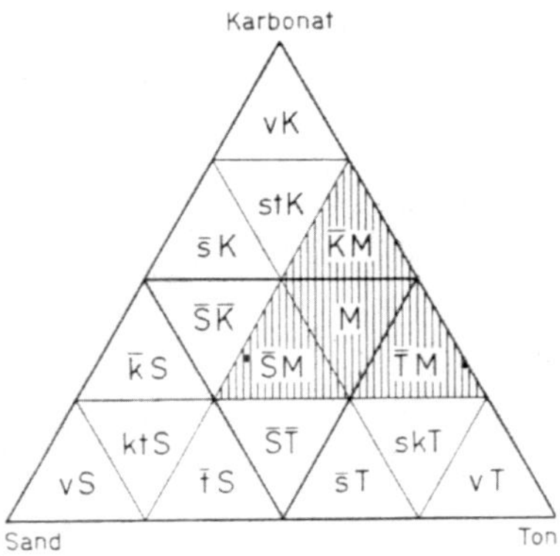

Abb. 10

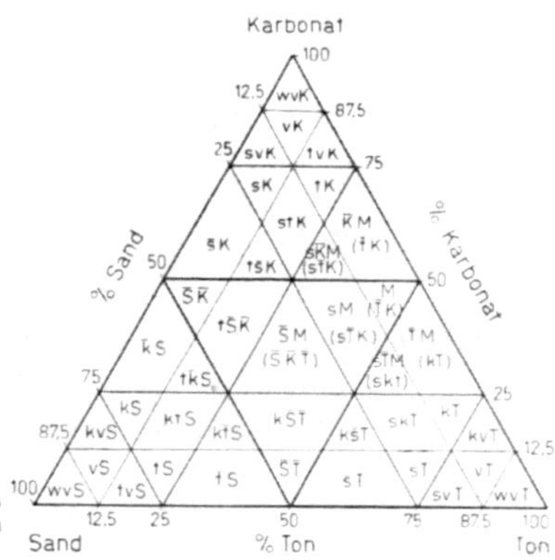

Abb. 11

drei Komponenten Sand, Ton und Kalk in Gehalten über 50% aufweisen. Dieses Mittelfeld aus Sand, Ton und Karbonat existiert in allerdings etwas anderer Form und Größe (Sandmergel) auch bei FÜCHTBAUER. Es stellt demnach nichts grundsätzlich Neues dar; nur werden die willkürlich gezogenen Grenzen nach logischen Gesichtspunkten festgesetzt. Die Benennung der Gesteine in diesem Feld erfolgt durch Verbindung der Substantive Sand, Kalk, Ton (Abb. 9).

Bei der Einbeziehung der 25- und 75%-Linien in das Grunddiagramm mit 4 Feldern entsteht das Grunddiagramm mit 16 Feldern bzw. mit 4 × 4 Feldern (Abb. 9). Gegenüber FÜCHTBAUER, der z. B. für Gehalte von 25 bis 50% Ton folgende Ausdrücke zuläßt: 1) Ton- . . ., 2) stark tonig, 3) mit viel Ton, 4) mit reichlich Ton, 5) tonreich, wurde hier eine straffe Bezeichnung für günstig erachtet. Die Anwendung der verwendeten Abkürzungen und die Grenzgehalte zeigt die Tabelle. In dem Diagramm mit 16 Feldern (Abb. 9) sind nur die Bezeichnungen Ton, Sand und Kalk verwendet. Da FÜCHTBAUER auch den Mergelbegriff aufführt, ist auch in dem neugeteilten Grunddiagramm mit 16 Feldern der Mergelbegriff in die entsprechenden Felder eingebaut worden (vgl. dazu Abb. 10). Die Mergelfelder sind jeweils schraffiert.

Abschließend ist in Abb. 11 das Grunddiagramm mit 40 Feldern dargestellt. Die Bezeichnungen wurden weitgehend von FÜCHTBAUER entnommen, einige mußten allerdings zusätzlich eingefügt werden. Die Abgrenzungen sind nur verfeinert und auf die Grunddiagramme mit 4 bzw. 16 Feldern abgestimmt. In Klammern sind die theoretischen Bezeichnungen im Mergelfeld zu finden. Durch die verschiedene Stärke der Grenzlinien sollen die 4- und 16-Felder-Grunddiagramme zum Ausdruck kommen. Eine weitere Teilung in ein Grunddiagramm mit sechs Feldern für Sonderfälle ist bei entsprechender Ergänzung der Bezeichnungen ohne Schwierigkeit möglich.

Zusammenfassung

An Hand von Abbildungen wird auf Widersprüche der Einteilung in FÜCHTBAUERS Grunddiagramm Sand-Ton-Karbonat hingewiesen. Durch die konsequente Verwendung von Prozentlinien bei der Grenzziehung der einzelnen Felder im Grunddreieck wird eine logisch einwandfreie Gliederung im Diagramm erreicht. Außerdem werden Möglichkeiten zur stufenweisen Modifizierung der Ansprache und Einteilung der betreffenden Gesteine angegeben.

Резюме

На примере рисунков указывается на противоречия подразделения в основной диаграмме песок-глина-карбонат ФЮХТБАУЕРа. Последовательным применением линий процентного содержания при ограничении отдельных участков в основном треугольнике достигается логически безукоризненное распределение в диаграмме. Кроме того, даются указания на возможность ступенчатой модификации обозначения и подразделения соответствующих пород.

Summary

Contradictions existing in the division of FÜCHTBAUERS sand-clay-carbonate basic diagram are revealed by illustrations. By means of a consequent use of lines of percentage in delimiting the particular fields of the basic triangle, a logically perfect division in the diagram is obtained. Moreover, possibilities are shown for a stepwise modification of the designation and division of the rocks in question.

Wasserbohrungen an der Nossener Brücke in Dresden-Altstadt

KARL TRÖGER, Freiberg (Sa.)

I. Einleitung

Im Stadtgebiet von Dresden wurde mehrfach gespanntes Wasser aus oberkretazischen Schichten erbohrt. Die ersten Angaben stammen von B. COTTA (1837). Er berichtet über artesische Brunnen in Dresden N an der Antonstraße und in Dresden A auf dem Antonsplatz. Der artesische Brunnen an der Antonstraße in Dresden N speist noch heute den Springbrunnen auf dem Platz der Einheit. Für industrielle Zwecke und für die Reichsbahn wurde das gespannte Wasser vor allem zwischen Dresden-Plauen und Dresden-Löbtau nutzbar gemacht. Durch vier Tiefbohrungen an der Nossener Brücke in Dresden A wurde 1959 erneut gespanntes Wasser aus oberkretazischen Schichten erschlossen. Auf die Unterschiede der Ergiebigkeiten im Zusammenhang mit starken faziellen Schwankungen im liegendsten Teil der oberkretazischen Schichtenfolgen soll hier besonders eingegangen werden[1]).

II. Beschreibung der oberkretazischen Sedimente

Unter einer Bedeckung von pleistozänen Weißeritzschottern, deren Mächtigkeiten zwischen 11,6 bis 14,9 m liegen, stehen in allen vier Bohrungen oberkretazische Sedimente an. Die Mächtigkeit der oberkretazischen Sedimente wechselt zwischen 64 bis 73 m. Sie gehören dem Unterturon, der Plenuszone und dem oberen Cenoman an. Im Liegenden der oberen Kreide befindet sich ein stark zerklüfteter und zum Teil stark verwitterter Hornblendesyenit.

1. Unterturon

Das Unterturon weist in den Bohrungen eine deutliche petrographische Gliederung in zwei Abschnitte auf. Der hangende Abschnitt besteht aus einer Wechsellagerung von grauen bis hellgrauen Plänern mit feinsandigen hellgrauen Plänern und hellgrauen feinsandigen Kalklagen. Die Mächtigkeit der Kalklagen beträgt im allgemeinen 0,1 bis 0,5 m. Nur in der Bohrung TB 4 erreichen sie 2 m Mächtigkeit. Die Pläner enthalten selten Pyritknollen bis 2 cm Durchmesser. Außerdem wurde Glaukonit in Körnern bis 0,2 mm Durchmesser beobachtet. Der liegende Teil des Unterturons besteht aus dunkelgrauen mergeligen Plänern und Mergeln, denen hellgraue bis dunkelgraue Pläner eingeschaltet sind, wie die Profile der Bohrungen TB 4 und TB 5 zeigen. Ihre größte Mächtigkeit erreichen die mergeligen Pläner in der Bohrung TB 6 mit 11 m. Faunistisch ergeben sich im Unterturon zwischen den vier Bohrungen keine Unterschiede.

Die mergeligen Pläner grenzen das Unterturon nach dem Liegenden gegen die Plenuszone ab. Sie stellen

[1]) Die Pumpversuche wurden von Herrn Zivil-Ing. HENGST (Dresden) überwacht und ausgewertet, dem ich für die Überlassung sämtlicher Daten zu Dank verpflichtet bin.

für das gesamte Dresdener Gebiet einen ausgezeichneten petrographischen Leithorizont dar. Stratigraphisch entsprechen sie dem Lohmgrundmergel des Gebietes von Pirna-Königstein.

2. Plenuszone

Die Plenuszone weist vom Hangenden nach dem Liegenden folgende petrographische Gliederung auf:

Pläner
Pläner mit Einlagerung von Kalkknollen und Kalklagen
Mergelige Pläner

Die hangenden Pläner sind grau bis hellgrau gefärbt. Sie besitzen einen geringen Glaukonitgehalt und gleichen petrographisch vollkommen den unterturonen Plänern. In der Bohrung TB 5 wurde in ihnen eine 4 m mächtige feinsandige bis schluffige Kalklage nachgewiesen. Nach dem Liegenden schieben sich in die Pläner Kalklagen und Kalkknollen ein. Die Mächtigkeit der Kalklagen und Kalkknollen liegt zwischen 0,1 bis 0,5 m. Die Kalke sind hellgrau gefärbt, feinsandig und besitzen stellenweise einen höheren Glaukonitgehalt. Die Glaukonitkörner erreichen 0,5 mm Durchmesser. Stratigraphisch lassen sich die Kalkknollenlagen in den Plänern mit den feinkörnigen Sandsteinen mit den Serpel-Höhlen bei Pennrich und bei Bannewitz parallelisieren. Die Fauna der Plenuszone stimmt in den vier Bohrungen überein. Besonders ausgeprägt ist ein etwa 2—3 m mächtiger Horizont mit *Hamulus septemsulcatus* (Roem.). Die Grenze zum oberen Cenoman wird in den Bohrungen von einer 2,5—5 m mächtigen Lage eines dunkelgrauen mergeligen Pläners gebildet. Diese mergeligen Pläner sind als stratigraphisches Äquivalent der feinsandigen bis schluffigen Tonlage an der Grenze Unterquader/Plenuszone bei Bannewitz anzusehen. Auch diese Lage stellt außerhalb der Schwellen und Klippen im Gebiet von Dresden einen ausgezeichneten petrographischen Leithorizont dar.

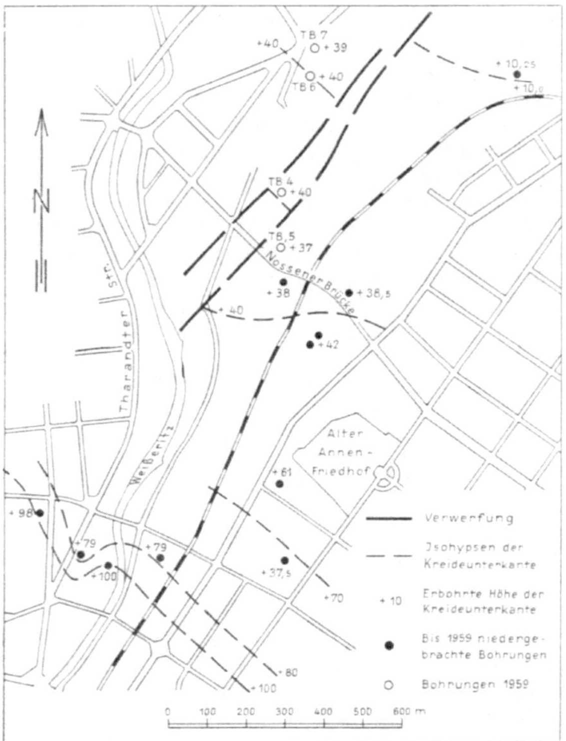

Abb. 1. Isohypsenkarte der Kreideunterkante im Gebiet um die Nossener Brücke in Dresden-Altstadt

3. Oberes Cenoman

Im Vergleich zum Unterturon und zur Plenuszone zeigt das obere Cenoman innerhalb enger Bereiche größere fazielle Veränderungen. Diese Erscheinung, die nicht nur an der Nossener Brücke beobachtet wurde, ist auf das Relief der Kreideunterlage zurückzuführen. In den vier Bohrungen beginnt das obere Cenoman, vom Hangenden aus nach dem Liegenden beschrieben, mit grauen bis dunkelgrauen Plänern. Glaukonit tritt besonders in den liegendsten Plänerlagen gehäuft auf. Die Pläner gehen außerdem nach dem Liegenden langsam in schluffige bis tonige Sandsteine sowie in feinkörnige Sandsteine über. Letztere zeigen horizontal drei Ausbildungen. In den Bohrungen TB 4 und TB 5 gehen feinkörnige, kalkhaltige und glaukonitische Sandsteine nach dem Liegenden in fein- bis mittelkörnige, weißgraue und glaukonitfreie Sandsteine mit kieseligem Bindemittel über. Die Sandsteine sind porös. Einzelne Poren erreichen 2 cm Durchmesser. In diesem Zusammenhang sei darauf hingewiesen, daß zahlreiche größere und zum Teil auch in Verbindung stehende Poren vor allem in den sogenannten Exogyrenbänken auftreten. Das unmittelbare Hangende des stark verwitterten Hornblendesyenits bilden weiße fein- bis mittelkörnige kaum verfestigte Sandsteine, die außerdem Sandlinsen enthalten. Die Mächtigkeit dieser Lagen liegt zwischen 1 bis 2 m. In der Bohrung TB 6 fehlen diese wenig verfestigten Sandsteine bereits. Sie werden durch fein- bis mittelkörnige, glaukonithaltige und poröse Sandsteine vertreten. Diese Sandsteine enthalten verwitterte Feldspäte bis 1 cm Durchmesser. An der Basis der Sandsteine ist ein 0,2 m mächtiges Syenitkonglomerat entwickelt. Die Syenitgerölle erreichen 5 cm Durchmesser. Das Bindemittel des Konglomerates ist ein feinkörniger Sandstein mit kieseligem Bindemittel. In der Bohrung TB 7 nimmt zum Unterschied zu den anderen Bohrungen der Glaukonitgehalt vom Hangenden nach dem Liegenden ständig zu. Die Sandsteine sind mittel- bis feinkörnig und grau bis graugrün gefärbt. Sie besitzen durchweg ein kalkiges Bindemittel. Poren konnten makroskopisch nicht mehr nachgewiesen werden. An der Basis sind die Sandsteine diagonal geschichtet. Ein 0,2 m mächtiges Syenitkonglomerat mit kalkigem Bindemittel liegt wenig verwittertem Hornblendesyenit auf.

In den Bohrungen TB 4, TB 5 und TB 6 wurden im oberen Cenoman vor allem *Exogyra columba* Lam. und *Neithea aequicostata* (Lam.) beobachtet. In der Bohrung TB 7 wurden neben *Neithea aequicostata* (Lam.) *Ostrea vesicularis* Lam. und andere Austernarten nachgewiesen, die häufig vor allem auf Schwellen- und Klippenzonen auftreten. Die petrographischen und faunistischen Veränderungen von der Bohrung TB 5 zur Bohrung TB 7 werden außerdem noch von einer Mächtigkeitsabnahme des oberen Cenomans von Süden nach Norden begleitet. Alle petrographischen und faunistischen Kennzeichen weisen auf eine Schwellen- bis Klippenzone im oberen Cenoman nördlich der Bohrung TB 7 hin. Das N—S-Profil auf Abb. 2 veranschaulicht die ebengeschilderten Verhältnisse.

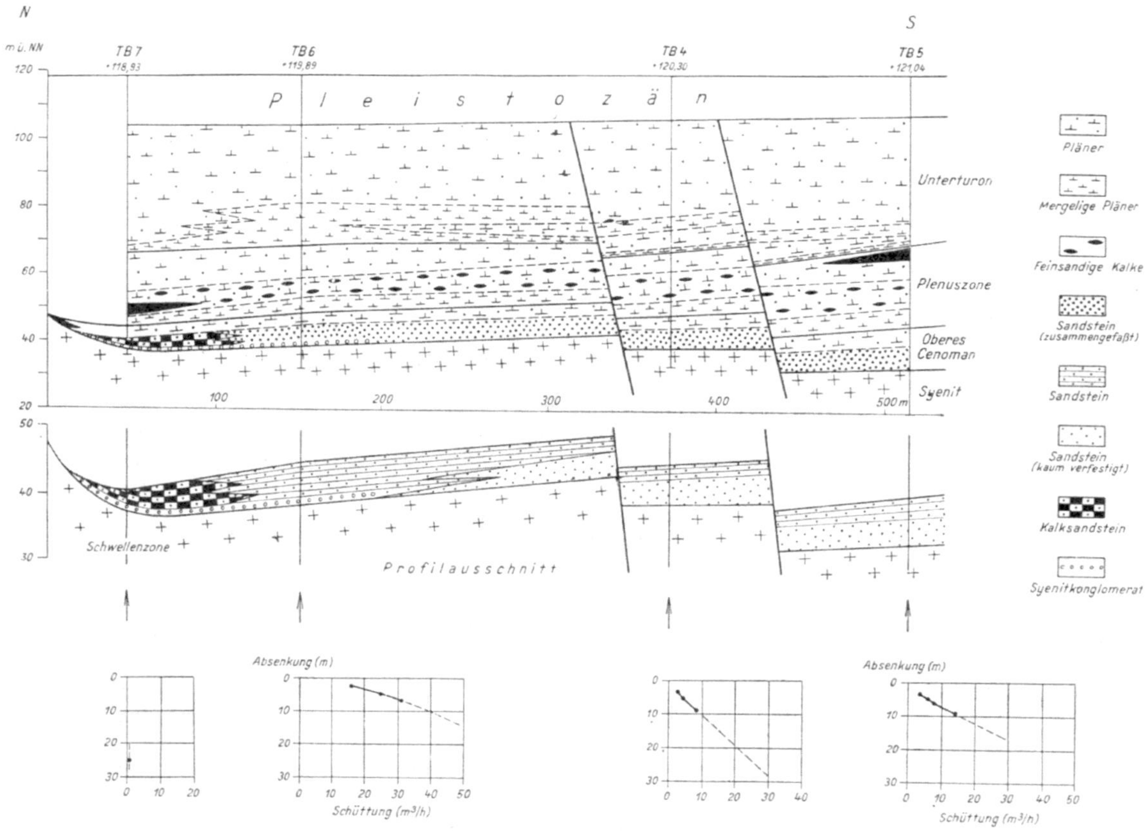

Abb. 2. Wasserbohrungen an der Nossener Brücke in Dresden–Altstadt

III. Die Lagerungsverhältnisse der oberkretazischen Sedimente

Das Gebiet an der Nossener Brücke in Dresden A liegt an der südwestlichen Flanke des Elbtalgrabens. An der südwestlichen Flanke des Elbtalgrabens fallen die Schichten zwischen Dresden-Leubnitz und Dresden-Plauen bei einem NW—SE-Streichen etwa 3—8° nach NE ein. Das flache Einfallen der Schichten nach NE ergibt sich recht deutlich aus dem Isohypsenverlauf der Kreideunterlage, wie Abb. 1 zeigt. In einem gewissen Ausmaß können die Reliefunregelmäßigkeiten der Kreideunterlage dieses Bild etwas beeinträchtigen. Das geht aus beiden Abbildungen hervor. Bei den etwa auf einer NNE—SSW verlaufenden Linie liegenden Bohrungen TB 5 und TB 4 bleibt die Kreideunterkante in derselben Höhe. Das kann bei den faziell gleichartigen Verhältnissen beider Bohrungen nur durch eine oder mehrere Verwerfungen mit einer geringen Gesamtsprunghöhe von etwa 10—15 m erklärt werden. Nach dem Isohypsenverlauf ist mit einem NE—SW- beziehungsweise NNE—SSW-Streichen der Störungen und einer Hebung der jeweiligen NW-Scholle zu rechnen. Durch eine intensive Zerklüftung (Einfallen 45—90°) und wiederholt in den Kernen der Bohrungen TB 5 und TB 4 auftretende Harnische werden diese Störungen ebenfalls belegt.

IV. Zur Hydrogeologie der oberkretazischen Sedimente

Als Grundwasserleiter kommen in den vier Bohrungen neben den pleistozänen Sedimenten vor allem die oberkretazischen Sedimente in Frage. Der Syenit ist zwar gut zerklüftet, die Kluftflächen weisen aber meist tonige Bestege auf. Außerdem wird der verwitterte Syenit, besonders in den Bohrungen TB 5 und TB 4, von einer Rotlehmdecke verhüllt. Der Syenit scheidet daher an der Nossener Brücke als Grundwasserleiter aus. Aus den oberkretazischen Schichten wurde in allen vier Bohrungen gespanntes Wasser erbohrt. Die Grundwasserspiegelhöhen lagen nach Abschluß der Bohrungen durchweg 1 bis 3 m unter Geländehöhe. Nach den Veränderungen der Grundwasserspiegelhöhen während der Bohrungen treten Wasserzuflüsse sowohl in den unterturonen Plänern als auch in den Plänern der Plenuszone auf. Dieses Wasser ist als Kluftwasser aufzufassen. Den wichtigsten Grundwasserleiter stellen aber, wie im gesamten Gebiet zwischen Dresden und Pirna, die Sandsteine des oberen Cenomans dar. Das Wasser dürfte in den cenomanen Sandsteinen sowohl als Porenwasser als auch als Kluftwasser auftreten. Die cenomanen Sandsteine sind, wie das besonders die Aufschlüsse südlich von Dresden zeigen, durchweg gut geklüftet. Die faziellen Unterschiede innerhalb des Cenomans haben auf die Brunnenergiebigkeiten einen wesentlichen Einfluß, wie Abb. 2 zeigt. Innerhalb des Profiles lassen sich drei Zonen unterscheiden. Die größte Ergiebigkeit von 1,24 l/sm bei 7,06 m Absenkung tritt in den gut verfestigten porösen Sandsteinen der Bohrung TB 6 auf. In den Bohrungen TB 4 und TB 5 sinken die Ergiebigkeiten bei 8,93 m und bei 9,27 m Absenkung auf 0,25 l/sm und 0,44 l/sm. Bei der Bohrung TB 4 wird allerdings auch die Zerstückelung des Grundwasserleiters durch die bereits beschriebenen NE—SW- bzw. NNE—SSW-Verwerfungen eine Rolle spielen. Das Nachlassen der Ergiebigkeit dürfte aber wesentlich mit durch die feinsandige Ausbildung des unteren Teiles des oberen Cenomans bedingt sein. Außerdem ist in dieser Zone noch mit Ausspülungen des Feinsandes zu rechnen. Die ungünstigsten Verhältnisse ergeben sich aber für den Beginn der Schwellenfazies mit der kalkigen Ausbildung des liegenden Sandsteines. Bei dem in der Bohrung TB 7 durchgeführten Pumpversuch wurde kein Beharrungszustand erreicht. Der Wasserspiegel sank bei einer Entnahme von 800 l in drei Minuten von 1,10 m unter Geländehöhe bis 25 m unter Geländehöhe. Danach scheidet die gesamte Schwellenfazies für eine Wassererschließung aus. Diese Ergebnisse können auf das gesamte Gebiet der sächsischen Kreide ausgedehnt werden, in der mehrfach, z. B. zwischen Heidenau und Dohna, Schwellen- und Klippenzonen auftreten.

Der Chemismus des Wassers aus den Bohrungen TB 5, TB 4 und TB 6 weist ebenfalls größere Unterschiede auf, wie Tab. zeigt.

Tab. Chemismus des Wassers (nach SIEGERT 1960)

	TB 4	TB 5	TB 6
Gesamthärte ° d	20,6	33,4	34,1
Karbonathärte ° d	13,2	15,4	16,4
Abdampfrückstand mg/l	528	935	865
CaO mg/l	154	387	269
MgO mg/l	37	14	52
Fe mg/l	0,9	1,6	0,2
Mn mg/l	0,1	0,3	0,03
NH_4 mg/l	0,05	0,05	0,05
Cl mg/l	35	106	58
SO_4 mg/l	154	526	272
NO_3 mg/l	4	69	2
NO_2 mg/l	0	0,2	0,2
PO_4 mg/l	0,02	0,1	0,01
H_2S (Sulfid S) mg/l	0	0	0

Da die Pumpversuche in den Bohrungen zeitlich getrennt voneinander durchgeführt wurden, kann über den Grad der gegenseitigen Beeinflussung nur wenig ausgesagt werden. Lediglich an der Bohrung TB 6 und dem 459,5 m von dieser Bohrung entfernten Reichsbahnbrunnen RB 2 wurden gleichzeitig Pumpversuche durchgeführt. Die Ergiebigkeit in dem Reichsbahnbrunnen RB 2 betrug bei 10,86 m Absenkung 0,63 l/sm. Die Ergiebigkeit an der Bohrung TB 6 lag bei 6,22 m Absenkung bei 1,42 l/sm. Während dieser Pumpversuche sank der Wasserspiegel in der Bohrung TB 4 von 2,99 m auf 5,08 m und in der Bohrung TB 5 von 4,05 m auf 6,72 m. Zwei Stunden nach Beendigung der Pumpversuche waren in diesen Bohrungen die ursprünglichen Spiegelhöhen noch nicht erreicht.

Zusammenfassung

Die Sandsteine des oberen Cenomans stellen im Gebiet von Dresden einen Grundwasserleiter mit gespanntem Wasser dar. Verf. zeigt an Hand von vier Bohrungen aus einem engbegrenzten Gebiet in Dresden-Altstadt, daß die faziell stark wechselnden Verhältnisse mit einer verschiedenen petrographischen Ausbildung des oberen Cenomans entscheidend für die Brunnenergiebigkeiten sind. Die Schwellen- und Klippenzonen mit einer kalkigen Ausbildung oder mit fehlendem oberem Cenoman scheiden für eine Wassergewinnung aus.

Резюме

Песчаники верхнего сеномана в районе Дрездена представляют собой водоносные отложения с напорной водой. На примере четырех скважин в узко ограниченном районе в Дрезден-Альтштадт автор показывает, что фациально сильно изменяющиеся условия с различным петрографическим развитием верхнего сеномана решающим образом влияют на дебит колодцев. Зоны порогов и утесов с известковым развитием или отсутствующим верхним сеноманом отпадают для добывания воды.

Summary

In the Dresden area sandstones of the Upper Cenomanian represent an aquifer with confined ground water. By means of four drillings carried out in a narrow area of the old part of Dresden it is shown by the author that considerably changing conditions of the facies showing a different petrographical texture of the Upper Cenomanian are decisive of well yields. Sill and reef zones of a limy texture, or with the Upper Cenomanian missing, are excluded from water winning.

Die Bedeutung von Standards in der geologischen Arbeit

ERICH LEWIEN, Berlin

Im Wissenschaftlich-Technischen Kabinett des Zentralen Geologischen Dienstes wurden vor einiger Zeit die Möglichkeiten für die Einführung der Standardisierung in der geologischen Arbeit behandelt. Diese Beratung wurde durch die Lehrschau für Standardisierung in Leipzig und eine aus diesem Anlaß vom Leiter der Abteilung Berg- und Hüttenwesen der Staatlichen Plankommission durchgeführte Konferenz angeregt. Während der Sitzung wurde ein größerer Kreis von Mitarbeitern aller Fachrichtungen des Zentralen Geologischen Dienstes und der Geologischen Dienste mit den Aufgaben und Zielen der Standardisierung bekannt gemacht und ein Standardisierungskollektiv gebildet, dem je ein Vertreter der Abteilungen Forschung, Kartierung, Lagerstättenerkundung und ein Bergmann angehören. Es wurde beschlossen, mit Hilfe der Betriebsgewerkschaftsorganisation alle Mitarbeiter in Gruppenversammlungen über die Aufgaben der Standardisierung zu unterrichten und sie zur Mitarbeit zu gewinnen.

Das vorläufige Ergebnis dieser Aussprachen sind rd. 60 Standardisierungsvorschläge aus den verschiedensten Arbeitsgebieten des Zentralen Geologischen Dienstes.

Die eingegangenen Vorschläge behandeln hauptsächlich die Standardisierung von Geräten und Verbrauchsmaterial (Geologenhammer, Kartentaschen, Bohrgeräte, Laborbedarf, Verpackungsmaterial für die Aufbewahrung von Proben). Das ist verständlich, weil die Standardisierung vor allen Dingen die Produktion industrieller Güter erfaßt. Mit Hilfe der Standardisierung sollen, durch einheitliche Erzeugnisse und durch ihre Einstufung in geschlossene Reihen sowie durch Begrenzung der Sortimente und Typen, die Voraussetzungen für eine Massenfertigung und damit für die Mechanisierung und Automatisierung geschaffen werden. Die

Standardisierung kommt also bei dem engbegrenzten Bedarf für geologische Ausrüstungen kaum zur Anwendung. Bei Geologenhämmern, Kartentaschen oder Spezialbrennern für Laboratorien können einheitliche Erzeugnisse zwar dazu beitragen, daß die für eine Spezialanfertigung erforderliche Mindeststückzahl erreicht und die Beschaffung erleichtert wird. Ein entscheidender Beitrag zur Senkung der Kosten wird dadurch jedoch nicht möglich sein.

Eine sorgfältige Analyse der Ziele der Standardisierung zeigt aber, daß es Möglichkeiten gibt, die wissenschaftliche Arbeit selbst zu erleichtern. Hierzu gehören die Vereinheitlichung von Arbeitsmethoden und die Verallgemeinerung von Einzelerfahrungen, um die manuelle Tätigkeit des Geologen einzuschränken und zu vereinfachen. Auch einheitliche Bezeichnungen, Begriffe und Untersuchungsverfahren helfen, die Berichterstattung von zeitraubenden Erläuterungen und Begründungen zu befreien.

Begriffsbestimmung auf dem Gebiet der Standardisierung

Nach ihrem Wirkungsbereich werden unterschieden:

1. DDR-Standards. Sie sind verbindlich für alle Industriezweige und Institutionen und werden vom Amt für Standardisierung erlassen.
2. Fachbereichstandards. Sie sind für einen Fachbereich verbindlich, im vorliegenden Fall für die Staatliche Geologische Kommission und die ihr unterstellten Organe, und werden vom Leiter der Staatlichen Geologischen Kommission erlassen.
3. Werkstandards. Sie sind verbindlich für den Bereich eines Werkes, z. B. des Zentralen Geologischen Instituts, und werden vom Werkleiter (Direktor) erlassen.

Entsprechend den Forderungen der Produktion, dem wichtigsten Anwendungsgebiet der Standards, werden folgende Aufgabengebiete der Standardisierung unterschieden:

Austauschbarkeit der Erzeugnisse
Qualitätsanforderungen
Sortimentsfestlegung (besonders Einschränkung)
Lieferbedingungen
Definitionen und Begriffe
Meß- und Prüfverfahren
Sicherheits- und Arbeitsschutz
Verfahren und Technologie

Einige von ihnen, wie Definitionen und Begriffe, Meß- und Prüfverfahren, Verfahren und Technologie, können auch bei der geologischen Arbeit angewendet werden. Tatsächlich ist aber die Festlegung von Standards auf fast allen genannten Aufgabengebieten möglich und erfolgversprechend. Bei der Ausarbeitung von Standards für die geologische Arbeit ist von ihrer Hauptaufgabe — der Erhöhung der Arbeitsproduktivität, der Lenkung der Mechanisierung und Automatisierung sowie der Spezialisierung der Arbeitsvorgänge — auszugehen. Sie darf nicht zum Selbstzweck werden, und der dafür erforderliche Aufwand muß in einem gesunden Verhältnis zum möglichen Nutzen stehen.

Hinweise für die Ausarbeitung von Standards

Austauschbarkeit

Man könnte annehmen, daß die geologische Arbeit keine austauschbaren „Erzeugnisse" liefert. Weil sie aber selbst auf die Anwendung von Erzeugnissen angewiesen ist, die austauschbar sind, erhält dieses Gebiet auch für die geologische Arbeit eine erhebliche Bedeutung.

Ein Beispiel dafür bietet die Austauschmöglichkeit (Standard) der verschiedensten Stative und Vermessungsgeräte. Für diese wird von allen Herstellern jetzt das gleiche Gewinde verwendet, so daß die Vermessungsausrüstungen leichter werden.

Sicherlich gibt es besonders in den Laboratorien weitere Möglichkeiten, bei denen die Austauschbarkeit von Geräten oder deren Zusatzausrüstungen Vorteile bietet.

Vorschläge für erwünschte Austauschbarkeit sind möglichst ausführlich mit Angabe der betreffenden Hersteller und der Typenbezeichnungen zu versehen und werden an das Amt für Standardisierung weitergeleitet. Dabei ist zu beachten, daß die Austauschbarkeit im allgemeinen nur bei Neukonstruktionen verwirklicht werden kann. Bei bestehenden Konstruktionen wird sie nur zu erreichen sein, wenn sehr gewichtige Vorteile für Verbraucher und Hersteller zu erwarten sind. Bei veralteten Konstruktionen sind Bemühungen um eine Standardisierung sinnlos. Wenn in solchen Fällen eine Austauschbarkeit erreicht werden soll, muß sie mit dem Hersteller oder mit geeigneten Werkstätten angestrebt werden.

Qualitätsanforderungen

Auch auf diesem Gebiet erscheinen wir im wesentlichen mit Forderungen an die Leistungen Dritter, die in den Technischen Güte- und Lieferbedingungen (TGL) enthalten sind. Damit für alle Erzeugnisse, deren Qualität noch nicht durch Standards festgelegt ist, eine ständige Qualitätssteigerung erreicht werden kann, müssen alle auftretenden Forderungen zentral erfaßt und dem Amt für Standardisierung oder der für den Betrieb zuständigen Zentralstelle für Standardisierung zugeleitet werden, um die Ausarbeitung eines Standards anzuregen. Das trifft überall dort zu, wo u. a. durch mangelhafte oder wechselnde Qualität von Rohstoffen, wie Chemikalien, Geräten und Anlagen, Produktionsschwierigkeiten und zusätzliche Kosten entstehen.

Von großer Bedeutung kann die Ausarbeitung von Qualitätsbestimmungen für die geologische Arbeit sein; z. B. die Genauigkeit, mit der die einzelnen Arbeiten durchgeführt werden müssen, die zu den Ergebnissen der geologischen Erkundung führen. Als Beispiel dafür dient die Anweisung zum Einmessen von Bohrungen und Schürfen im Bereich des Zentralen Geologischen Dienstes vom 21. 6. 1960.

Es erscheint auch wünschenswert, für die verschieden nutzbaren Rohstoffe die Genauigkeitsanforderungen an die Ergebnisse z. B. der chemischen Analysen, die für Vorratsberechnungen vorgenommen werden, zu standardisieren. Das wurde bisher im allgemeinen dem Chemiker überlassen, der das aber überhaupt nicht entscheiden kann. Die Folgen eines willkürlichen Verfahrens bei nicht ausreichenden Genauigkeitsgrenzen kann ein ungenaues bis unbrauchbares Ergebnis sein. Bei übertriebenen Genauigkeitsanforderungen können überhöhte Kosten der analytischen Arbeiten und Zeitverluste durch umständliche zeitraubende Analysenverfahren entstehen. In Gemeinschaftsarbeit von Geologen, Chemikern und Vertretern der Zentralen Vorratskommission muß geklärt werden, welche Anforderungen an die Genauigkeit der Ermittlungen zu stellen sind, die in die Vorratsberechnung eingehen sollen. Wenn, ohne die Genauigkeit des Gesamtergebnisses zu beeinträchtigen, einfachere Analysenverfahren, z. B. Schnellmethoden oder physikochemische Verfahren mit großer Leistungsfähigkeit, zugelassen werden können, so lassen sich die Bearbeitungszeit und die Kosten verringern.

Die Schaffung eines Standards nach gründlicher, allseitiger Überprüfung erleichtert darüber hinaus die Projektierung der Untersuchungsarbeiten, die Berichterstattung und die Bestätigung der abgeschlossenen Arbeiten. Sie schließt dann auch eine Zurückweisung der Berechnung aus diesen Gründen aus.

Sortimentsfestlegung

Auch bei dieser Standardisierungsaufgabe sind wir als Abnehmer und Verbraucher an einer möglichst weitgehenden Beschränkung der Typen, insbesondere bei Verbrauchs- und Verschleißmaterial, interessiert. So kann eine Typenbeschränkung zur Vereinfachung und Verbesserung der Lagerhaltung beitragen. Außerdem kann eine sinnvolle Normung der Abmessungen, z. B. bei Probenbehältern und Präparatträgern, zu raumsparender Aufbewahrung (Kästen, Schränke) führen.

Ein weiterer Vorteil kann dadurch entstehen, daß sich bei der Reduzierung auf wenige Ausführungsformen oder -größen für die Industrie günstige Stückzahlen ergeben, die mit einer Kostensenkung verbunden sind oder auch die Fertigung überhaupt erst ermöglichen. Von den Mitarbeitern der Laboratorien wird z. B. über die Schwierigkeit der Beschaffung von geeigneten Gasbrennern oder Muffelöfen geklagt, da sich nur schwer ein Herstellerbetrieb zur Fertigung einer geringen Stückzahl bereit findet. Wenn es gelingt, die Zahl der verschiedenen Größen oder Modelle einzuschränken, so können sich für die industrielle Herstellung ausreichende Stückzahlen ergeben. Erforderlich ist, dem Amt für Standardisierung hierfür geeignete Vorschläge (Bedarfsanforderungen) zu unterbreiten.

Lieferbedingungen

Eine ähnliche Aufgabe wie die Lieferbedingungen (verbindliche Regeln für die Abgabe von Erzeugnissen) haben auf dem Gebiet der geologischen Erkundung die „Richtlinien für Form und Inhalt von Vorratsberechnungen“. Ähnliche Bestimmungen sollten auch für die übrige Berichterstattung eingeführt werden. Die Vorteile solcher „Lieferbedingungen“ liegen darin, daß die Anforderungen an die Berichte einschließlich ihrer Anlagen von vornherein bekannt sind. Es entstehen keine Zweifel z. B. über erforderliche Stückzahlen und Form und Inhalt der Berichtsteile. Die Anfertigung überflüssiger Exemplare wird vermieden und führt zu Einsparungen von Material und Arbeitszeit. Zu diesen Richtlinien gehören z. B. auch die Dokumentationsanweisungen, die im Zusammenhang mit den Standardisierungsbestrebungen einer Überarbeitung bedürfen.

Auch Kleinigkeiten, z. B. die einheitliche Anordnung von Daten bei der Berichterstattung, können zur Arbeitserleichterung dienen. So wurde vom Zentrallabor des Zentralen Geologischen Instituts ein Formblatt für Silikatanalysen geschaffen. Die Angaben über den Gehalt an bestimmten Elementen erscheinen darauf stets in gleicher Reihenfolge, so daß die Zusammenstellung und das Lesen der Tabellen erleichtert werden. Solche Verfahren lassen sich vielfältig zur Erleichterung der Arbeit anwenden, besonders dann, wenn das Endergebnis das Resultat mehrerer Arbeitsgänge ist. Auch bei gleicher Anordnung und bei gleichen Abständen der Eintragungen in Schichtenverzeichnissen von Bohrungen lassen sich die Angaben der Kernaufnahme, der petrographischen Bearbeitung und der Bohrlochvermessung durch Aneinanderkleben der entsprechenden Aufzeichnungen zusammenfassen.

Man wird einwenden können, daß der im Einzelfall erreichbare Vorteil nur gering ist und den Aufwand eines Standards nicht lohnt. Der Nutzen jeder Maßnahme ist selbstverständlich nur begrenzt. Erst die allgemeine Anwendung jeder verbesserten Methode führt zu einer spürbaren Steigerung der Arbeitsproduktivität. Wichtig ist aber auch hier, den Aufwand für die Festlegung eines Standards und seinen möglichen Nutzen sorgfältig abzuwägen.

Definition und Begriffe

Dieses Aufgabengebiet hat für die wissenschaftlich-technische Arbeit eine besonders große Bedeutung. Eindeutig definierte Begriffe sind hier, wenn die Ergebnisse allgemein verständlich und auswertbar sein sollen, genauso wichtig wie ein allgemein verbindliches Maß- und Meßsystem.

Der Gebrauch unterschiedlicher Terminologien erschwert oder macht den Vergleich mehrerer Arbeiten unmöglich, erfordert meist zeitraubende Erläuterungen und verschlechtert damit die Ökonomik der wissenschaftlichen Arbeit. Aus diesem Grunde sollten alle Anstrengungen gemacht werden, häufig gebrauchte und wichtige Begriffe eindeutig festzulegen und ihre allgemeine Anwendung durch die Schaffung von Standards verbindlich zu erklären.

Im Interesse der Effektivität der wissenschaftlichen Arbeit darf auch hier nicht eine Standardisierung um jeden Preis betrieben werden:

1. Standards sind auf häufig gebrauchte und wichtige Begriffe zu beschränken, weil sich nur bei diesen der meist nicht geringe Diskussionsaufwand lohnt. In allen anderen Fällen sind kurze Erläuterungen, wenige Sätze, arbeitsökonomisch günstiger.
2. Die Einführung von Standards für Begriffe und Definitionen, die noch nicht eindeutig geklärt sind, ist abzulehnen. Hier könnten Standards zur Erstarrung und zum Stillstand der wissenschaftlichen Arbeit führen.

Diese Rücksicht auf die Weiterentwicklung der Wissenschaft darf aber auch nicht dazu führen, jegliche Standardisierung mit dem Hinweis abzulehnen, daß ein „ewiger“ Bestand von Begriffen und Definitionen nicht angenommen werden könne. Der Gesetzgeber legt fest, daß die regelmäßige Überprüfung jedes Standards in bestimmten Zeitabständen zu erfolgen hat. Damit soll verhindert werden, daß Standards einen Entwicklungsstand, der durch den erzielten Fortschritt bereits überholt ist, verbindlich festlegen.

Meß- und Prüfverfahren

Auch dieses Aufgabengebiet der Standardisierung ist für die geologische Arbeit von höchstem Interesse.

Folgende Ziele können durch derartige Standards angestrebt werden:

Ablehnung von Meß- und Prüfverfahren, die den Anforderungen nicht genügen.

Auswahl der rationellsten Arbeitsverfahren, die sich hinsichtlich der gestellten Aufgaben und den Arbeitsergebnissen (z. B. zulässige Genauigkeitsgrenzen) am rationellsten erweisen. Vergleichbarkeit der Meßergebnisse, die von verschiedenen Laboratorien erzielt werden.

Für die Genauigkeit jeder Bestimmung ist ein bestimmter Aufwand an Arbeitszeit und -mitteln erforderlich. Bei einer Steigerung der Anforderungen an die Genauigkeit wächst dieser Aufwand im allgemeinen schneller als der Genauigkeitsgewinn. Die Ausführungen über die erforderlichen Genauigkeitsgrenzen sind dahin zu ergänzen, daß unter dem Abschnitt „Lieferbedingungen" für jeden Zweck die am besten geeigneten Methoden exakt und verbindlich festzulegen sind. Im allgemeinen werden Hinweise auf die entsprechende Literatur genügen. Andernfalls sind z. B. bei chemischen Bestimmungen der Anwendungsbereich, das Prinzip des Verfahrens, die erforderliche Apparatur, Reagenzien und Lösungen, Arbeitsweise, Durchführung der Messung, Methoden der Eichung und Auswertung der Ergebnisse so umfassend anzugeben, daß eine fehlerhafte Arbeitsweise ausgeschlossen ist.

Auch hier muß der Aufwand zum möglichen Nutzen der Standardisierungsmaßnahmen in einem vernünftigen Verhältnis stehen. Die Standardisierung von Meß- und Prüfverfahren bringt also bei solchen Bestimmungen einen Nutzen (Einsparung von Zeit und Kosten), die in großer Zahl durchgeführt werden müssen oder wo von den Einzelergebnissen weittragende ökonomische Entscheidungen abhängen.

Sicherheits- und Arbeitsschutz

Dieses Gebiet betrifft in erster Linie die Arbeitsstellen am Bohrturm und die bergmännischen Baue, für die die ausführenden technischen Betriebe verantwortlich sind. Die Sicherheitsfragen in den Laboratorien der geologischen Institutionen bieten keine spezifischen Besonderheiten und brauchen deshalb nicht besonders behandelt zu werden.

Verfahren und Technologie

Dieser für die Produktion überaus wichtige Teil der Standardisierung hat für die geologische Arbeit keine Bedeutung, da dieser bei Meß- und Prüfvorgängen in einer besonderen Gruppe behandelt wurde.

Verfahren der Standardisierung

Ausgangspunkt jeder Standardisierung ist der Standardvorschlag. Er erfolgt formlos und soll möglichst eindeutig ausdrücken, was mit dem vorgeschlagenen Standard erreicht werden soll. Es genügt nicht, einfach einen Standard vorzuschlagen, ohne daß nähere Angaben über den angestrebten Nutzen gemacht werden.

Der Vorschlag muß darüber Auskunft geben, welche Vorteile, Verbesserung oder Erleichterung der Arbeit, Steigerung der Qualität der Arbeit oder Senkung der Kosten durch einen Standard erreicht werden können.

Diese Angaben sind für die Weiterbearbeitung und die Prüfung der Vorschläge von größter Bedeutung. Wenn kein oder nur ein geringer Nutzen zu erwarten ist, der in keinem Verhältnis zu dem Aufwand steht, den die Ausarbeitung des Standards, seine Prüfung, Bestätigung und Veröffentlichung erfordern würde, muß von einer Weiterverfolgung der Anregung abgesehen werden. Das trifft auch dann zu, wenn die Gefahr besteht, daß durch einen Standard die Weiterentwicklung gehemmt werden könnte. Bei Nomenklaturen und Definitionen ist der neueste internationale Stand der Wissenschaft, bei Standards für Geräte sind die gesamten verfügbaren Sortimente, unter Umständen auch die im Gang befindliche Entwicklung, zu berücksichtigen.

Aus diesen Forderungen ergibt sich, daß diese Aufgabe nur kollektiv bewältigt werden kann, und zwar am zweckmäßigsten durch Arbeitskreise oder Arbeitsgemeinschaften, die sich jeweils für die Lösung einer Standardisierungsaufgabe zusammenfinden. Um zu erreichen, daß möglichst alle, die an einem auszuarbeitenden Standard interessiert sind, davon Kenntnis erhalten, werden die Vorschläge laufend in den Technisch-Wissenschaftlichen Informationen des Zentralen Geologischen Instituts mit dem Hinweis auf die zuständige federführende Stelle veröffentlicht.

Schon die Bearbeitung der ersten Standardvorschläge ließ erkennen, daß Ressortarbeit hier nicht zum Ziele führt und daß Erfolge auf diesem Gebiet nur durch die Gemeinschaftsarbeit erreicht werden können. Die Beschäftigung mit Standardaufgaben ist damit zugleich eine Schule sozialistischer Arbeitsweise.

Das zeigte sich z. B. auf dem Gebiet der Gerätestandardisierung für den Probenteiler. Für die konstruktive Gestaltung, Abstufung der Gerätereihe und Bedienungsanleitung gingen nicht nur aus dem Zentralen Geologischen Dienst, sondern auch aus dem Bergbau, der Baustoffindustrie und der Chemie so viele Vorschläge ein, daß ihre Auswertung nicht mehr, wie ursprünglich beabsichtigt, durch das Standardisierungskollektiv, sondern nur durch eine Arbeitsgemeinschaft möglich ist. Sie soll die Ausführung und Abstufung des Gerätetyps so verbessern, daß die Wünsche aller Beteiligten erfüllt und damit die Voraussetzung für eine rationelle Fertigung geschaffen werden.

Der nach Abstimmung mit allen Beteiligten entstandene Vorschlag wird als „Entwurf" mit Angabe einer Einspruchsfrist veröffentlicht. Alle Interessenten erhalten damit die Möglichkeit, ihre Bedenken gegen die Verbindlichkeitserklärung eines Standards bekanntzugeben und zu begründen.

Nach Ablauf der Einspruchsfrist und Bearbeitung der Abänderungsvorschläge wird der Standard für verbindlich erklärt.

Plan der Standardisierung

Da den Standards bei der Lösung der Planaufgaben für die Steigerung der Arbeitsproduktivität und damit der Kostensenkung bei der geologischen Erkundung große Bedeutung zukommt, muß ihre Entwicklung systematisch und planmäßig erfolgen.

Daher ist für die Ausarbeitung von Standards ein Plan aufzustellen. Dabei wird der Teil, der DDR-Standards enthält, zu einem Bestandteil des Volkswirtschaftsplans.

Auch für den Bereich der geologischen Erkundung muß der Plan der Standardisierung, für den Beauftragte mit ausreichenden Weisungs- und Kontrollbefugnissen einzusetzen sind, Bestandteil des Arbeitsplans werden.

Zusammenfassung

Es wird die Möglichkeit der Anwendung von Standards als wichtige Voraussetzung für die Steigerung der Arbeitsproduktivität in der geologischen Arbeit dargelegt und ein zweckmäßiger Verfahrensweg für die Ausarbeitung von geologischen Standards vorgeschlagen.

Резюме

Излагается возможность применения стандартов как важнейшей предпосылки для повышения производительности труда в геологической практике и предлагается целесообразный путь для разработки геологических стандартов.

Summary

A description is given of the possibility to use standards as an important prerequisite to increase labour productivity in geological activities. A suitable procedure is proposed for the elaboration of such geological standards.

Richtlinien der ZVK über Form und Inhalt von Vorratsberechnungen

vom 4. Mai 1961

I. Vorbemerkung

Der Aufwand für die geologische Berichterstattung wie für die Vorratsberechnung selbst muß in einem vernünftigen Verhältnis zur volkswirtschaftlichen Bedeutung des Objektes stehen.

Daher wird folgendes festgelegt:

1. Der geologische Bericht wird in ausführlicher Form grundsätzlich nur der ersten Vorratsberechnung für eine bestimmte Lagerstätte beigefügt, die zur Kontrolle und Bestätigung an die ZVK eingereicht wird. Bei ergänzenden Berechnungen oder Neuberechnung der Vorräte der gleichen Lagerstätte kann unter Hinweis auf vorhandene geologische Berichte der Textteil in Fortfall kommen bzw. auf eine entsprechende Ergänzung beschränkt werden.
2. Der geologische Bericht für weniger wertvolle Rohstoffe (z. B. Sand, Kies, Ton u. a.) oder Lagerstätten mit geringen Substanzmengen von rein lokaler Bedeutung kann sich auf die für die Beurteilung der Lagerstättenvorräte und die Einschätzung der Lagerstätte unerläßlichen Angaben und grafischen Unterlagen beschränken.
3. Der geologische Bericht für Vorratsberechnungen von fördernden Betrieben unterscheidet sich von den geologischen Berichten gemäß nachfolgenden Richtlinien dadurch, daß neben der geologischen Beschreibung der Lagerstätte vor allem die Ergebnisse des bisherigen Abbaus und die dabei gewonnenen geologischen Erkenntnisse dargelegt werden. Dabei ist die in den Richtlinien vorgeschlagene Reihenfolge nach Möglichkeit einzuhalten.
   Wenn die vorhandenen betrieblichen Dokumentationsunterlagen so umfangreich sind, daß ihre Vorlage an die ZVK praktische Schwierigkeiten bereitet, kann in Absprache mit der ZVK auf ihre Einreichung mit der Vorratsberechnung verzichtet werden. Die ZVK und die von ihr bestellten Gutachter haben in solchen Fällen das Recht, diese Unterlagen im Betrieb einzusehen und zu überprüfen.
4. Der Charakter dieser Richtlinie, die sich auf alle Lagerstätten und alle mineralischen Rohstoffe bezieht, gestattet es nicht, alle in der Praxis anzutreffenden Besonderheiten zu berücksichtigen. Die vorliegende Richtlinie muß daher vom Bearbeiter einer Vorratsberechnung auf die jeweiligen konkreten Lagerstättenverhältnisse usw. sinnvoll variiert angewendet werden:
   a) Bei gewissen Rohstoffen und Lagerstätten können einzelne Abschnitte stark gekürzt bzw. weggelassen werden; andere können eingehender behandelt werden, wenn es zum besseren Verständnis der Gewinnung oder Verarbeitung des Rohstoffes zweckmäßig erscheint;
   b) die grafischen Anlagen können in einfacheren Fällen auf die grafischen Berechnungsunterlagen beschränkt werden, wenn diese die benötigten geologischen Angaben enthalten;
   c) umfangreiche durchgeführte Spezialarbeiten (z. B. petrographische, feintektonische usw.) werden im geologischen Bericht nur zusammengefaßt und lediglich die Ergebnisse und Schlußfolgerungen dargelegt. Der ausführliche Originalbericht dieser Arbeiten kann als Anlage zum geologischen Bericht eingereicht werden bzw. von der ZVK im Bedarfsfalle nachgefordert werden.
5. Nachfolgende Richtlinien gelten sinngemäß für alle Lagerstätten mineralischer Rohstoffe. Mit der Veröffentlichung der vorliegenden Richtlinie ist die analoge Richtlinie[1]) vom 6. Februar 1957 aufgehoben.

II. Allgemeines

1. Der Kontrolle und Bestätigung durch die ZVK (Zentrale Vorratskommission für mineralische Rohstoffe) unterliegen laut § 2, Abschnitt 1 der Regierungsverordnung vom 3. Mai 1956 alle erkundeten Vorräte mineralischer Bodenschätze, die
   a) bereits als Rohstoffbasis eines Gewinnungsbetriebes dienen oder
   b) in Zukunft als Rohstoffbasis eines Betriebes dienen können.
   Außerdem sind der ZVK durchgeführte Berechnungen der prognostischen Vorräte zur Kenntnis zu geben. Derartige Berechnungen werden von der ZVK jedoch nicht bestätigt.
2. Bereits von der ZVK bestätigte Lagerstättenvorräte müssen der ZVK zur Kontrolle und Bestätigung erneut eingereicht werden, wenn
   a) neue Erkundungsergebnisse zu einer wesentlich neuen Einschätzung der Lagerstättenvorräte führen;
   b) die Lagerstättenumgrenzung infolge neuer Gesichtspunkte wesentlich verändert wird;
   c) die industriellen Forderungen an den Rohstoff sich grundsätzlich ändern bzw. geändert haben.
   Sonst erfolgen Neuberechnungen bereits bestätigter Vorräte in der Regel nur nach etwa 5 bis 10 Jahren nach der Erstbestätigung, um die Richtigkeit der in der Zwischenzeit gemachten Meldungen über die Vorratsbewegungen (Abbau, Neuerkundung, Umstufungen usw.) zu kontrollieren.
3. Die Vorratsberechnungen mit den erforderlichen Unterlagen sind der ZVK über die zuständigen Vereinigungen Volkseigener Betriebe, Wirtschaftsräte der Bezirke, Staatliche Geologische Kommission usw. von den für die Berechnung verantwortlichen Betrieben und Einrichtungen in drei Exemplaren zuzuleiten.
   Die zuständigen Organe sind verpflichtet (s. § 3, 1a der Regierungsverordnung vom 3. Mai 1956), spätestens bis 1. November d. lfd. Jahres Zeitpläne an die ZVK einzureichen, in denen für jedes Quartal die Objekte zu nennen sind, für die im folgenden Jahr Vorratsberechnungen an die ZVK zur Kontrolle und Bestätigung vorgelegt werden. Die ZVK stimmt diese Zeitpläne miteinander ab und kann zusätzlich die Neuberechnung solcher Vorräte fordern, die in den eingereichten Zeitplänen nicht vorgesehen waren.
4. Die ZVK kontrolliert und bestätigt die eingereichten Vorratsberechnungen innerhalb von 3 Monaten. In besonderen Fällen, wenn die ZVK eine Überprüfung aller Zahlenangaben (Nachberechnung) vornimmt, verlängert sich die Frist um die hierfür benötigte Zeit.
5. Nach der Bestätigung der Vorratsberechnung durch die ZVK wird ein Exemplar der eingereichten Berechnung an das Archiv der ZVK, Abt. Vorratsbilanz, übergeben; ein Exemplar erhält die zuständige VVB bzw. der Wirtschaftsrat des Bezirkes, die StGK usw. und ein Exemplar der Betrieb, der die Vorratsberechnung eingereicht hat.
6. Das Bestätigungsprotokoll bzw. das Ergebnis der Überprüfung der ZVK wird den zuständigen Stellen, insbesondere dem Betrieb (der außerdem Kopien der Gutachten der Experten erhält) innerhalb von 6 Wochen nach der Sitzung der ZVK zugeleitet.

III. Berichterstattung zur Vorratsberechnung

Der geologische Bericht zur Berechnung der Vorräte muß alle Angaben, die zur Bestätigung der Vorräte, und alle geologischen Ergebnisse der Erkundungsarbeiten, die für die Projektierung weiterer Erkundungsarbeiten und zum Abbau der Lagerstätte notwendig sind, enthalten. Vor allem bei der Beschreibung einer neuaufgefundenen und erkundeten Lagerstätte müssen die Angaben mit möglichster Vollständigkeit gemacht werden. Jeder Bericht muß so zusammengestellt sein, daß alle Schlußfolgerungen der Verfasser überprüft werden können und ohne deren Beteiligung eine Nachrechnung der Vorräte vorgenommen we en kann. Der geologische Erkundungsbericht mit der Vorratsberechnung besteht im Normalfall aus folgenden vier Teilen:

[1]) „Richtlinien der ZVK über Form und Inhalt von Vorratsberechnungen". – Z. angew. Geol., 3, S. 189–191 (1957).

a) Text, der die Beschreibung der Lagerstätte, der geologischen Erkundungsarbeiten mit ihren Ergebnissen und die Begründung der Methode der Vorratsberechnung enthält,
b) Vorratsberechnungstabellen,
c) grafisches Material,
d) Unterlagen über die Dokumentation der geologischen Erkundungsarbeiten oder der betrieblichen geologischen Dokumentation und andere Angaben zur Vorratsberechnung.

a) Text des geologischen Berichtes

Der Text muß eine Charakteristik der Lagerstätte geben, eine Beschreibung aller durchgeführten geologischen Erkundungsarbeiten und ihrer Ergebnisse und außerdem Erläuterungen zur Berechnung der Vorräte enthalten. Der Umfang des Textes soll auch bei großen und komplizierten Lagerstätten 150 Schreibmaschinenseiten möglichst nicht überschreiten (s. hierzu auch I, 4c).

Bei Zusammenstellung des Berichtes wird die Einhaltung folgenden Schemas empfohlen:

1. Allgemeine Angaben über die Lagerstätte
2. Kurze geologische Kennzeichnung des Gebietes
3. Geologie der Lagerstätte
4. Geologische Erkundungsarbeiten
5. Qualitative Kennzeichnung des nutzbaren Minerals und technologische Aussagen über seine Aufbereitung und Weiterverarbeitung
6. Hydrogeologische Kennzeichnung der Lagerstätte
7. Bergtechnische Bedingungen für den Abbau der Lagerstätte
8. Vorratsberechnung
9. Industrielle Einschätzung der Lagerstätte
10. Schlußfolgerung

Im folgenden wird eine Aufzählung der Hauptfragen gegeben, die in jedem Abschnitt behandelt werden können (s. I, 4).

1. Allgemeine Angaben über die Lagerstätte

a) Einleitung. Gestellte Aufgaben für die durchgeführten geologischen Erkundungsarbeiten.
b) Geographische Lage der Lagerstätte; Entfernung von der Eisenbahn, den Straßen- und Wasserwegen, den nächsten Ortschaften und Verkehrswegen zu diesen.
c) Wirtschaftliche Angaben: Transportverhältnisse, Brennstoff-, Energiegrundlage, Wasserversorgung, lokale Baumaterialien u. a.
d) Angaben über Oberflächen- und klimatische Verhältnisse; morphologische Hauptmerkmale. Absolute und relative Höhen, Flüsse, Bäche und ihre Wassermengen.
e) Daten über die Entdeckung und Erkundung der Lagerstätte.

2. Kurze geologische Kennzeichnung des Gebietes

Angaben über Stratigraphie, Tektonik, Vulkanismus, nutzbare Bodenschätze und die geologische Entwicklungsgeschichte des Gebietes. Aus diesen Angaben müssen Schlußfolgerungen über das geologische Alter der Lagerstätte und ihre Stellung innerhalb größerer geologischer Einheiten hervorgehen.

3. Geologie der Lagerstätte

Dieser Abschnitt ist entsprechend den jeweiligen Gegebenheiten zu behandeln. Hier wird nur ein allgemeines Schema der Darlegung als Beispiel gegeben.

a) Geologischer Bau der Lagerstätte
Beschreibung der Gesteine, die am Aufbau der Lagerstätte beteiligt sind, ihre wechselseitigen Beziehungen, die Lagerungsverhältnisse, Beschreibung der wesentlichsten tektonischen Elemente (z. B. Falten, Überschiebungen, Verwerfungen), ihre zeitliche Folge (z. B. vor, während und nach Bildung der Lagerstätte).
b) Beschreibung der Mineral-(Erz-)Körper[2]
Bau; Anzahl; stratigraphische Stellung; Form; Lagerung; Mächtigkeit; Art der Endschaften.
c) Zusammensetzung der Mineral-(Erz-)Körper
Einteilung der Körper nach ihrer mineralogischen, petrographischen und chemischen Zusammensetzung[3]; ihre Struktur und Textur; Zone der Oberflächen-Auslaugung; Oxydationszone; Zone der sekundären Anreicherung; primäre Zone; Gehaltsschwankungen in den Grenzen der Zonen; Veränderungen der Nebengesteine; Gehalt an nutzbaren und schädlichen Komponenten der Zonen.
d) Genese der Lagerstätte

4. Geologische Erkundungsarbeiten

a) Vorhandene geologische und topographische Karten, Risse und Pläne. Aufzählung der durchgeführten topographischen Arbeiten und geologischen Kartierungsarbeiten.
b) Geophysikalische und geochemische Arbeiten und ihre Ergebnisse.
c) Begründung der angewandten Methode in Abhängigkeit vom Lagerstättentyp; Erkundungsgrad der Lagerstätte an der Oberfläche und in der Teufe; Begründung der Abstände zwischen den Schürfen und Bohrlöchern; Querschnitte, Abstände, Richtungen usw. der bergmännischen Baue; technische Daten der Bohrlöcher; Bohrmethode beim Durchteufen des Mineral-(Erz-)Körpers; Kerngewinn im Nebengestein und im Mineral bzw. Speicher; Vermessungsmethoden der Zenit- und Azimut-Bohrlochabweichungen; Beschreibung der Bohrlochmessungen und der Art und Weise der Auswertung der Meßergebnisse; allgemeine Beschreibung der Dokumentation der bergmännischen Baue und Bohrungen (wenn sie von der gültigen Arbeitsanweisung abweicht); Beschreibung der Kontrollmethoden der Erkundung und ihre Ergebnisse; Verzeichnis solcher Baue und Bohrungen, die bei der Vorratsberechnung nicht berücksichtigt wurden.
d) Bemusterung der Vorräte; Methode der Probenahme in bergmännischen Bauen und Bohrungen; Größe (eventuell durchschnittl. Gewicht) der Proben; Abstände zwischen ihnen; Bearbeitungsschema der Proben und seine Begründung; Ergebnisse von Kontrollbemusterungen; wo, wie und auf welche Stoffe wurden die Proben analysiert; wo, in welcher Menge und wie wurde die Analyse der Kontroll- und Schiedsproben durchgeführt; Ergebnisse dieser Analysen, Auswertung festgestellter zufälliger und systematischer Fehler und Folgerungen über die Genauigkeit der Analysen, die bei der Vorratsberechnung zugrunde gelegt wurden; Methode der Probenahme für technologische Versuche.

5. Qualitative und technologische Kennzeichnung des nutzbaren Minerals

Physikalische, chemische und technologische Eigenschaften des nutzbaren Minerals; Ergebnisse labormäßiger, halbindustrieller und industrieller Prüfungen für die qualitative Charakteristik des Rohstoffes und Grundlagen für die Ausarbeitung von Aufbereitungs- und Verwertungsschemen des Minerals; technologische Arten des nutzbaren Minerals.

6. Hydrogeologische Kennzeichnung der Lagerstätte

Umfang, Methodik und Inhalt der hydrogeologischen Untersuchungen und Beobachtungen, die bei der Erkundung durchgeführt wurden; Beschreibung der wasserführenden Horizonte; ihre statischen und piezometrischen Niveaus; Filtrationskoeffizienten, Flächen möglicher Infiltration der Oberflächenwässer; Verbindung der Wässer verschiedener Horizonte (im Hangenden, im Liegenden und im nutzbaren Körper); Schwimmsande, Qualität und Chemismus des unterirdischen Wassers; Angaben über die Menge des möglichen Zuflusses bei der Gewinnung, nach Entwässerung der Vorräte, wenn das vorgesehen ist. Zu sümpfende Wassermengen in alten Bauen, Mitteilungen über Standwasser.

7. Bergtechnische Bedingungen zum Abbau der Lagerstätte

a) Bei neuerkundeten Lagerstätten
Standfestigkeit der Gesteine des Hangenden und Liegenden; Klüftigkeit, Feuchtigkeit. Gasausscheidungen und Staubbildung, Festigkeit, Härte, Stückigkeit des nutzbaren Minerals und der Nebengesteine; Beobachtungen über Gebirgsdruck; geologische Faktoren, die die Gewinnung beeinflussen und die Durchführung spezieller Maßnahmen beim Abbau erfordern. Kurze Hinweise auf die zweckmäßigste Art des Aufschlusses und Abbaus (z. B. Tagebau oder Tiefbau, D:K-Verhältnisse, bei Tiefbau die Art des Aufschlusses: Schacht, Stollen).
b) Bei in Abbau stehenden Lagerstätten
Die wichtigsten Daten über die unter a) genannten Faktoren, insbesondere jedoch über solche, die den zukünftigen Abbau in einzelnen Revieren oder Sohlen positiv oder negativ beeinflussen.

---

[2]) bzw. der Speichergesteine und -schichten bei flüssigen und gasförmigen Rohstoffen.

[3]) bzw. nach ihrem Inhalt an flüssigen und gasförmigen Rohstoffen.

8. Berechnung der Vorräte

a) Begründung der zugrunde gelegten Mindestmächtigkeiten und Mindestgehalte der nutzbaren Komponenten, des maximalen Gehalts schädlicher Komponenten u. ä., d. h. der Konditionen.

b) Begründung der angewandten Berechnungsmethode.

c) Begründung der gewählten Bestimmungsmethode der mittleren Mächtigkeiten, Gehalte u. a.; wenn „Mammut"-Gehalte einzelner Proben auftreten, wie wurden sie festgestellt, „geköpft", und warum wurde das hierfür verwendete Verfahren als richtig ausgewählt.

d) Methode der Bestimmung des zugrunde gelegten Raumgewichts, der Bergfeuchtigkeit, Porosität und anderer Parameter, die für die Berechnung notwendig sind.

e) Begründung verwendeter Korrekturkoeffizienten für Mächtigkeit, Gehalt, Raumgewicht u. a.

f) Begründung der Vorratsgrenzen für die Berechnung. Wenn infolge Nacherkundung und Neuberechnung von früher bestätigten Vorratsblöcken usw. ein exakter Vergleich möglich ist, sollten Abweichungen bzw. Übereinstimmung der Ergebnisse besonders erwähnt werden.

g) Gesichtspunkte und Grundsätze, die der Aufteilung der Vorräte nach Blöcken und Klassen zugrunde gelegt wurden.

h) Erklärungen zur Konstruktion einzelner Blöcke.

i) Gesamtergebnisse der Vorratsberechnung und ihre Gegenüberstellung mit der vorhergehenden Berechnung; bei im Abbau befindlichen Lagerstätten — die Gegenüberstellung der Erkundungsergebnisse mit den Abbauergebnissen. Bei neuerkundeten Lagerstätten ist der tatsächliche Erkundungsaufwand in Beziehung zu den erkundeten Vorräten zu setzen.

9. Industrielle Einschätzung neuerkundeter Lagerstätten

Die industrielle Einschätzung der Lagerstätte muß ein Urteil darüber geben, ob die Lagerstätte die Möglichkeiten für eine industrielle Nutzung bietet. Dazu gehören begründete Kennziffern über die optimale Jahreskapazität des zukünftigen Betriebes, dessen Lebensdauer und den erwarteten Ausstoß an Metall oder einem anderen Produkt. Ferner sind Orientierungswerte für die benötigten Investitionen zur Errichtung eines solchen Betriebes anzugeben und die erwarteten Selbstkosten für eine Tonne, z. B. Metallinhalt (wenn für das Förderprodukt angegeben) oder eine Tonne Konzentrat, zu nennen. Vergleich der erwarteten Selbstkosten mit denen in anologen Betrieben bzw. dem Durchschnitt oder dem Höchstsatz im Industriezweig. In vielen Fällen können derartige Daten aus analogen, in Abbau stehenden Lagerstätten oder von der verarbeitenden Industrie erhalten werden.

Wenn Gutachten zu diesen Fragen eingeholt wurden, sind sie der Vorratsberechnung beizufügen. Auf erschwerende Umstände bei der Nutzung der Lagerstätte ist unbedingt hinzuweisen.

10. Schlußfolgerung

Wesentliche Schlußfolgerungen über den Stand der geologischen Forschung, den Erkundungsgrad der Lagerstätte und ihrer Vorräte und der technologischen Forschungsarbeiten für den Rohstoff. Einschätzung der Übergabereife und der weiteren Perspektive der Lagerstätte. Aufgabe und Richtung zukünftiger geologischer Erkundungsarbeiten.

b) Tabellen zur Vorratsberechnung

Die Tabellen zur Vorratsberechnung müssen so zusammengestellt werden, daß die Anordnung der Spalten dem Berechnungsgang entspricht. Obwohl diese Tabellen in jedem Falle durch das verwendete Berechnungsverfahren bestimmt werden, müssen sie grundsätzlich stets alle Ausgangs- und Zwischenangaben enthalten, die im Verlauf der Berechnungen erhalten wurden. Sie müssen die Möglichkeiten geben, eine Prüfung aller Berechnungen vorzunehmen.

Von größter Wichtigkeit sind folgende Tabellen[4]):

1. Berechnungstabellen der mittleren Mächtigkeiten, der Komponentengehalte und anderer Parameter nach den einzelnen Bohrungen, bergmännischen Arbeiten usw.
2. Berechnungstabellen der Flächen, Rauminhalte, Rohstoffvorräte und Vorräte der Komponenten in den einzelnen Blöcken, Feldesteilen und einzelnen Lagerstättenkörpern.
3. Sammeltabellen der Gesamtvorräte und der Komponenten nach industriellen Sorten des Rohstoffes und nach Vorratsklassen, mit Feststellung der Vorratssumme für die Klassen A_1, A_2, B, C_1 und C_2 und der Gesamtvorräte der Klassen A_1, A_2, B, C_1 und C_2, bei Anführung der mittleren Gehalte, Beimengungen usw. für jede Klasse und die Gesamtvorräte. Für Außerbilanzvorräte werden gesonderte Tabellen zusammengestellt. Wurden prognostische Vorräte berechnet, so sind sie ebenfalls in besonderen Tabellen zusammenzustellen.
4. Die einzelnen Rohstoffarten werden in folgenden Maßeinheiten berechnet:

Rohstoffe	anstehende Vorräte	Metallinhalt bzw. Nutzkomponente
Eisenerz	1000 t	1000 t Fe
Kupfererz	1000 t	10 t Cu
Bleierz	1000 t	100 t Pb
Zinkerz	1000 t	100 t Zn
Kalisalz	1000 t	1000 t K_2O
Kohlen, Stein-, Braun-	10000 t	—
Erdöl	1000 t	—
Erdgas	Mio Nm^3	—
Schwerspat	1000 t	100 t $BaSO_4$
Flußspat	1000 t	100 t CaF_2
Schwefelkieserz	1000 t	100 t S
Berylliumerz	1000 t	t BeO_6
Vanadiumerz	1000 t	t V_2O_5
Wismuterz	1000 t	t Bi
Wolframerz	1000 t	t WO_3
Indiumerz	1000 t	0,1 t I
Kadmiumerz	1000 t	0,1 t Cd
Kobalterz	1000 t	t Co
Lithiumerz	1000 t	t LiO
Molybdänerz	1000 t	t Mo
Arsenerz	1000 t	100 t As
Nickelerz	1000 t	10 t Ni
Zinnerz	1000 t	t Sn
Selenerz	1000 t	0,1 t Se
Silbererz	100 t	0,1 t Ag
Zirkonerz	1000 t	t ZiO_2
Gips	1000 t	—
Anhydrit	1000 t	—
Ton*), feuerfest	1000 t	—
Ziegelton*)	1000 t	—
Dolomit	1000 t	—
Sand*), Glas-	1000 t	—
Form-	1000 t	—
Bau-	1000 t	—
Kies	1000 m^3	—

*) In bestimmten Fällen ist auch die Berechnung in m^3 zulässig.

c) Grafisches Material

Als wichtigstes grafisches Material sind zu nennen:

1. Übersichtskarte (Maßstab 1:25000 bis 1:100000) mit Eintragung des Lagerstättengebietes, der Eisenbahnen und Straßen, großen Flüssen, Ortschaften und anderen Lagerstätten.
2. Eine geologische Lagerstättenkarte mit Darstellung der Ansatzpunkte aller Erkundungs- und Gewinnungsbaue und Bohrungen. Von Produktionsbetrieben sind die entsprechenden rißlichen Unterlagen (Übersichtsrisse) einzureichen.
3. Geologische Risse der Abbauhorizonte im Maßstab 1:100 bis 1:5000 auf markscheiderischer Grundlage.
4. Geologische Schnitte der Erkundungslinien im Maßstab 1:100 bis 1:5000 (der horizontale und vertikale Maßstab soll in der Regel gleich sein). Kleinere Maßstäbe sind nur nach besonderer Vereinbarung mit der ZVK zulässig.
5. Zusätzliche Karten und Schnitte zur Kennzeichnung der Form und Lagerungsbedingungen der Mineral-(Erz-)Körper (nur dann, wenn sie für die gewählte Vorratsberechnungsmethode oder zur Bestimmung der Gewinnungsbedingungen von Wichtigkeit sind).
6. Risse und Schnitte der Mineral-(Erz-)Körper zur Berechnung der Vorräte bei Angabe aller Abbaue und Bohrungen, der Grenzen der Berechnungsblöcke nach Sorten und Klassen der Vorräte, wobei jeder Block mit seiner Nummer bezeichnet werden muß. Der Maßstab dieser

[4]) Die Daten der Tabellen (1) können auch zusammen mit den Tabellen (2) aufgeführt werden.

Risse und Schnitte muß so gewählt werden, daß auf den Zeichnungen die Entfernung zwischen den bergmännischen Bauen und Bohrungen, auf die sich die Berechnungsblöcke stützen, möglichst nicht weniger als 50 mm beträgt. Den Vorratsblöcken der einzelnen Vorratsklassen ist gemäß TGL 6429 eine einheitliche Flächenfarbe zu geben: A_1 — blau; A_2 — rot; B — grün; C_1 — violett und C_2 — gelb. Die Blöcke der entsprechenden Außerbilanzvorräte werden in den gleichen Farben umrandet; prognostische Vorräte werden schwarz umrandet.

7. Die rißlichen Unterlagen sind vom zuständigen Markscheider zu unterschreiben.
8. In der DDR allgemeingültige Vorschriften für das Rißwesen sind einzuhalten, soweit in der vorliegenden Richtlinie nicht ausdrücklich anderslautende Festlegungen getroffen wurden.

d) Unterlagen zur Dokumentation der geologischen Erkundungsarbeiten und andere Angaben für die Berechnung der Vorräte

Der Vorratsberechnung müssen folgende Dokumente beigelegt werden:

1. Bohrprofile aller in die Berechnung eingehenden Bohrungen mit Angabe des Kerngewinnes in allen Kernmärschen, Proben und ihrer Analysenergebnisse. Bei einer großen Anzahl von Bohrungen (über 20) ist es gestattet, sich auf einige typische Bohrprofile zu beschränken und die geforderten Angaben mit den zusammengefaßten Schichtenverzeichnissen zu verbinden. Den Bohrprofilen müssen, falls geophysikalische Bohrlochmessungen durchgeführt wurden, Meßdiagramme beigefügt werden.
2. Risse und Zeichnungen aller bergmännischen Erkundungsarbeiten (Gräben, Schürfe, Schächte, Stollen u. a.).
3. Bemusterungsrisse mit Eintragung aller Proben, die entnommen wurden, sowohl im abbauwürdigen Teil der Lagerstätte als auch außerhalb dieser Grenzen, wobei die Nummern der Proben und Analysenergebnisse neben der Probe oder auf dem Rand der Zeichnung eingetragen sein müssen.
4. Abschrift der Analysenergebnisse mit Angabe der chemischen Laboratorien, in denen die Proben analysiert wurden. Insbesondere auch die Ergebnisse der durchgeführten Kontrollanalysen und ihre Auswertung (s. hierzu auch I, 3 und 4).
5. Abschrift der offiziellen Bestätigung der Kondition durch die SPK oder eine von dieser bevollmächtigten Institution.
6. Akten oder Auszüge aus Laboratoriumsberichten, Berichten über halbindustrielle oder industrielle Versuche, die für neuerkundete Lagerstätten die Möglichkeit einer industriellen Verwertung des Rohstoffes beweisen.
7. Tabellen zur Festlegung des Raumgewichtes, der Bergfeuchtigkeit, des Aschegehaltes für die verschiedenen Rohstoffsorten u. ä.
8. Für Kohlenlagerstätten sind die Flözprotokolle beizufügen.
9. Tabellen der Zenit- und Azimut-Abweichungen der Bohrlöcher.
10. Dokumente über die Einmessung der Bohrlöcher.

IV. Die Ausfertigung der Berichte

1. Auf der ersten Seite des Berichtes (Titelblatt) muß genannt werden:
   a) die Institution, welche die Vorratsberechnung einreicht,
   b) die Bezeichnung der Lagerstätte oder des Betriebes,
   c) Bezirk und Kreis, in dem die Lagerstätte (Betrieb) liegt,
   d) der Stichtag der Vorratsberechnung.
   Außerdem müssen auf dem Titelblatt die Verfasser des Berichtes angegeben sein und ihre Unterschriften vorliegen, ebenso die Namen und Unterschriften der Personen aus den übergeordneten Organisationen (VVB, Wirtschaftsrat, StGK usw.), die den Bericht und die Vorratsberechnung zur Einreichung an die ZVK freigegeben haben.
2. Anschließend folgt eine kurze Zusammenfassung des Berichtes.
3. Am Schluß des Berichtes ist ein Literaturverzeichnis zu geben.
4. Alle Seiten des Berichtes und der Textanlagen müssen jeweils fortlaufend numeriert sein.
5. Der Bericht muß ein Inhaltsverzeichnis haben, in dem alle Abschnitte des Berichtes, mit Hinweis auf die Seiten, sowie die Anlagen (Zeichnungen) angegeben werden.
6. Alle grafischen Anlagen müssen (nicht gebunden) getrennt beigefügt werden.
7. Auf den Zeichnungen müssen in der rechten unteren Ecke im Anfertigungswerk angegeben sein:
   Nummer der Zeichnung; Benennung; Organisation, die die Erkundung der Lagerstätte durchgeführt hat; Verfasser der Zeichnung und Personen, die sie bestätigt und eigenhändig unterschrieben haben; Anfertigungstermin der Zeichnung; Maßstab (DIN 21900—1.12). Die Zeichnungen sind einheitlich möglichst nach Norden zu orientieren und mit dem Koordinatennetz zu versehen. Ein linearer Maßstab ist oft zweckmäßig.

Berlin, den 4. Mai 1961

ZENTRALE VORRATSKOMMISSION
FÜR MINERALISCHE ROHSTOFFE DER DDR
Der Vorsitzende
Stammberger

Angewandte Geologie – Sachgebiet Hydrogeologie

Bericht über die hydrogeologischen Vorträge der Sektion 20
zum XXI. Internationalen Geologenkongreß in Kopenhagen 1960

RUDOLF HOHL, Halle (Saale)

Recht unterschiedlich waren die Fachgebiete und Probleme, die am 23. August 1960 in der Sektion 20 „Angewandte Geologie" im Gebäude der Technischen Universität II von Dänemark, Kopenhagen, Sølvgade 83, diskutiert wurden. Den Vorsitz führten am Vormittag die Herren U. SOVERI, Finnland, bzw. L. DUBERTRET, Frankreich, und am Nachmittag S. S. PHILBRICK, USA, bzw. P. LAFFITTE, Frankreich.

Behandelt wurden Fragen aus dem Gebiet der Hydrogeologie (vier Vorträge), der Ingenieurgeologie (zwei Vorträge) und der Mineral- und Erzvorräte (sechs Vorträge). Leider sind nicht alle Referate in den „Proceedings of Section 20" enthalten, lagen aber wenigstens in Kurzfassung im „Volumen of Abstracts" vor.

1. C. L. MCGUINNESS (USA): Ground Water — A Mixed Blessing.

Ausgehend davon, daß das Grundwasser die wichtigste und wertvollste Quelle des organischen Lebens überhaupt ist, schilderte MCGUINNESS die hydrogeologischen Verhältnisse der USA. Er wies darauf hin, daß in nächster Zeit infolge der an die Hydrogeologen gestellten immer größeren Anforderungen bezüglich der zu liefernden Wassermengen vor allem durch die somit erforderliche vollständige Nutzung dieses Bodenschatzes viele Schwierigkeiten entstehen werden. Schon heute sind in den USA — wie in allen hochindustrialisierten Staaten — ernste Probleme auf dem Gebiete der Grundwasserversorgung und der Sicherstellung brauchbarer Wasserqualitäten vorhanden. Um diese Probleme lösen zu können, ergeben sich zwei Aufgaben:

a) Bearbeitung und Bewertung aller Grundwasserleiter; eine geologisch-hydrologische Aufgabe, die nur durch enge

Zusammenarbeit von Geologen und Hydrologen mit Chemikern, Physikern, Mathematikern, Meteorologen und Ingenieurwissenschaftlern gelöst werden kann.

M. E. dürften dabei aber auch Geomorphologen und Pedologen nicht vergessen werden. Gerade die oberen Bodenschichten spielen bei der Wiederauffüllung der Grundwasserleiter eine sehr wichtige Rolle, wie z. B. H. SCHNEIDER (1950, 1952) in seinen Tabellen zeigte.

Um zu klaren Vorstellungen über die unterirdische Abflußspende (l/s · km^2) und damit über die Dauerentnahme in bestimmten Gebieten zu gelangen, ist eine möglichst genaue Kenntnis der Grundwasserspeicherstätten, ihrer Grenzen, ihrer Wiederauffüllungs- und Veränderungsmöglichkeiten, besonders auch in chemischer Hinsicht, erforderlich. Es müssen also Werte vorliegen, die durch rein hydrologische Methoden, z. B. durch Kurz- und Dauerpumpversuche, allein nicht einmal angenähert zu erhalten sind.

b) Entwicklung von wasserwirtschaftlichen Untersuchungsmethoden, die mit den hydrologischen und sozialen Gegebenheiten vereinbar sind. Die Erfüllung dieser Aufgabe wird nur möglich sein, wenn das Wissen vom Wasser und wasserwirtschaftliches Denken in weite Kreise getragen werden. Es ist zu hoffen, daß diese Forderung sich immer stärker durchsetzt, zumal bei uns in der Deutschen Demokratischen Republik keine privaten Interessen in der Wasserwirtschaft mehr bestehen und die Wasserversorgung von Industrie und Bevölkerung nicht auf der Basis des Geschäfts und erzielbarer Gewinne betrieben wird. So vielseitig und ernst die Grundwasserprobleme auch sein mögen, so dürfen wir doch annehmen, daß wir sie erkennen, analysieren und schließlich lösen werden.

Der Vortrag zeigte deutlich, daß tatsächlich die Bereitstellung des für die menschliche Gesellschaft benötigten Grundwassers zum Problem geworden ist und daß man, in Abwandlung eines von H. SCHNEIDER geprägten Wortes, das Wasser nicht nur als „die Sorge Europas", sondern weiter Teile der bewohnten Erde bezeichnen muß.

2. J. F. MANN, jr. (USA): Safe Yield Changes in Groundwater Basins.

Die Schätzung der Ergiebigkeit von Grundwasserfeldern zur Festlegung der höchstmöglichen jährlichen Entnahme wurde besonders in den westlichen Teilen der USA, speziell in Südkalifornien, vorgenommen. MANN kritisiert Pumpversuche und stellt dar, wie schwierig und langwierig genauere Untersuchungen zur Lösung dieses Problems sind. Er betrachtet die Faktoren, die die Ertragsfähigkeit von Grundwasserbecken verändern oder begrenzen, und fordert die Herstellung von entsprechenden Karten oder Plänen.

3. H. E. THOMAS & M. T. WILSON (USA): A Case of Underground Piracy.

Am 5. Oktober 1954 wurden an der Oberfläche des kleinen Navajo-Sees, der auf der Hochfläche von Südwest-Utah rd. 400 km südlich des Großen Salzsees gelegen ist und zum Einzugsgebiet des Sevier River gehört, ein Aufwirbeln und Zerstieben riesiger Wassermassen beobachtet. Minuten später bedeckten Zehntausende von toten Fischen die Oberfläche des Sees. Dieses auffällige Phänomen war der Anlaß für die durchgeführten Untersuchungen.

Der See besitzt oberflächlich keinen Abfluß. Das Wasser strömt unter der Oberfläche teilweise nach E zum Sevier River, teilweise aber auch nach S zur 2 km entfernten, 50 m tiefer liegenden und zum Stromgebiet des Virgin River gehörenden Cascade-Quelle. Weitere, in größerer Entfernung auftretende starke Quellaustritte, die aber mit dem Navajo-See in Verbindung stehen, komplizieren noch das Problem. Bei vergleichenden Untersuchungen wurden Wassertemperaturen gemessen und zahlreiche chemische Wasseranalysen durchgeführt. Die Cascade-Quelle empfängt bei niedrigem und mittlerem Wasserstand des Sees etwa 40% des Abflusses, beim höchsten beobachteten Wasserstand etwa 15%. Die Abflußmenge beträgt nur 0,4 m^3/s. Die Bearbeiter sind der Meinung, daß allein durch eine Erweiterung des Zuführungskanals zur Cascade-Quelle das meiste, wenn nicht das gesamte Wasser, das gegenwärtig zum Sevier River fließt, zur Cascade-Quelle gelangen könnte. Beweise dafür konnten freilich innerhalb einer Beobachtungsperiode von fünf Jahren nicht gefunden werden.

Geologie des Gebietes:

Durch eine Erosionsdiskordanz getrennt lagern Sedimente der vermutlich eozänen Wasatch-Formation (Süßwasser-Kalksteine und Kalkschiefer mit untergeordnet — besonders im tieferen Teil — auftretenden Sandsteinen und Konglomeraten) auf Bildungen der Oberkreide. Durch überlagernde Rhyolithdecken mit Tuffen, die ins Oligozän oder Miozän zu stellen sind, war die Wasatch-Formation zunächst vor Erosion und Auflösung durch das Wasser geschützt. Später wurde das Plateau gehoben, mit schwacher Neigung nach E hin; im E und W wird es von größeren Störungen begrenzt.

Die Aufwärtsbewegung reichte noch bis ins Pleistozän. Durch das Vorherrschen von Kalksteinen innerhalb der Wasatch-Formation wurden nunmehr Erosions- und Korrosionsvorgänge begünstigt. Höhlen, Dolinen und andere Karsterscheinungen kennzeichnen heute die Hochfläche. Im Untergrund entstand auf Spalten und Rinnen innerhalb des Kalksteins eine typische Karstentwässerung. Schließlich dämmten Basaltergüsse im Pleistozän den Navajo-See ab. Neben der Entwässerung des Gebietes zum Sevier River und über die Cascade-Quelle zum Stromgebiet des Virgin River schaffen die noch weiter vor sich gehenden Lösungsvorgänge im Bereich der Kalksteine ständig neue Formen und Möglichkeiten. Aber bis heute können mangels ausreichender Meßdaten noch keine genauen Angaben über die abfließenden Mengen im einzelnen gemacht werden.

Der Vortrag erinnert an ähnliche Phänomene, wie sie z. B. G. VIETE (1953), wenn auch in weit geringerem Umfang, vom Periodischen See bei Roßla am südlichen Harzrand beschrieben hat und wie sie auch sonst aus Karstgebieten (z. B. von der Donau) bekannt sind. Jedoch verdient das gewaltige Ausmaß der Vorgänge am Navajo-See Beachtung und zeigt eindringlich die besonderen und sich plötzlich ändernden hydrologischen Verhältnisse in Karstgebieten.

4. B. M. BOWEN, J. H. EDGERTON, J. A. MOHRBACHER & J. T. CALLAHAN (USA): Geological Factors Affecting the Ground Disposal of Liquid Radioactive Wastes into Crystalline Rocks at the Georgia Nuclear Laboratory Site.

Die bei der Behandlung dieses nicht nur lokal interessierenden Problems angeschnittenen Fragen sind sowohl für die Geologie als auch für die Wasserwirtschaft, die Hygiene und für den Gesetzgeber wichtig. Das der US-Luftwaffe gehörende Kernlaboratorium liegt südöstlich von Dawson City, rd. 70 km nördlich von Atlanta im Staate Georgia, innerhalb eines Komplexes hochmetamorpher kristalliner Gesteine. Steile Berge von 300 bis 400 m Höhe und steile Hänge, eine dichte Vegetation, zahlreiche Gräben und tiefeingeschnittene Wasserläufe sind für das nur wenig besiedelte Gebiet kennzeichnend.

Das Laboratorium verfügt über zwei Kernreaktoren und entsprechende Strahlenlaboratorien. Die bei den Untersuchungen entstehenden größeren Mengen flüssiger radioaktiver Abfallstoffe werden in Infiltrationsbecken, die im Bereich der verwitterten und chemisch veränderten Bodenzonen der kristallinen Gesteine (Glimmerschiefer, Gneise, Amphibolite, Quarzite und verwandte Gesteine) angelegt wurden, abgeleitet.

Da einmal die spezielle Gesteinsausbildung, andererseits aber auch die strukturellen Verhältnisse des Gebietes die Bewegung und damit die Entfernung der radioaktiven Lösung im Untergrund beeinflussen, wurden umfangreiche Einzeluntersuchungen vorgenommen. Man führte vor allem detaillierte hydrologische Beobachtungen und Messungen im gesamten Gebiet bis zur Abgabe von Oberflächen- und Grundwasser in die größeren Vorfluter durch, um die maximal zulässige Konzentration bestimmen zu können. Abfallstoffe mit weniger als 10^{-7} Mikrocurie im ganzen unbekannter Beta-Gamma-Aktivität je Milliliter, die keinen Alphastrahler oder Strontium 90 aufweisen, werden in oberflächliche Wasserläufe eingeleitet. Enthalten sie zwischen 10^{-5} und 10^{-7} Mikrocurie, werden sie in besondere Gruben gepumpt. Geht die Aktivität über 10^{-5} Mikrocurie hinaus, werden die Lösungen in die erwähnten Becken abgelassen. Auf diese Weise war es möglich, mehrere tausend Curie aus der Kernspaltung sowie aktivierte Produkte zu entfernen. Besondere Sicherheitsmaßnahmen wurden für die nächste Umgebung des Laboratoriums und bei der Entleerung der Gruben getroffen. Man hofft, in Zukunft auf Grund der zunehmenden Erfahrung höhere Konzentrationen ableiten zu können, ohne dabei über die zulässigen Toleranzen für Trinkwasser aus dieser Anlage hinauszugehen.

Infolge der geringen Korngröße der Verwitterungsmassen des kristallinen Gesteinskomplexes ist die Grundwasserbewegung gering, sie beträgt täglich nur 0,30 m. Die Filterwirkung ist gut und wirksam, so daß zahlreiche aktivierte Teilchen im Boden zurückgehalten werden. Eine Aufklärung der Bevölkerung in der Umgebung des Laboratoriums und Hinweise auf die Gefahren sollen die Wirksamkeit des Sicherungssystems noch erhöhen. Gerade diese letzten Hinweise zeigen m. E. aber eindringlich, daß wohl doch noch manche Fragen nicht gelöst sein dürften und daß bei der Aufstellung von Kernreaktoren Probleme auftauchen, die ernste Gefahren für die Menschheit bedeuten. Wenn dies aber schon in solchen dünn besiedelten Gebieten der Fall ist, um wieviel mehr dann in Räumen mit einer großen Bevölkerungsdichte, z. B. in Mitteleuropa. Hier sind daher noch größere Vorsicht und Wachsamkeit am Platze. Die in enger Zusammenarbeit der Wissenschaftler auf den Gebieten Hygiene, Geologie und Wasserwirtschaft gestellten Forderungen sollten sehr hoch sein, auch wenn zusätzliche Kosten und technische Schwierigkeiten bei der Entfernung der radioaktiven Abfallstoffe entstehen.

Die in den Vorträgen behandelten unterschiedlichen Fragen zeigen, welche vielseitigen Probleme im Bereich der Hydrogeologie auftreten und wie diese nur durch genaueste regionalgeologische Untersuchungen in enger, kollektiver Zusammenarbeit mit den Nachbarwissenschaften zu lösen sind.

Daß auf dem Kongreß hydrogeologische Vorträge nur von amerikanischen Fachkollegen gehalten wurden, dürfte nicht nur damit zusammenhängen, daß die weitaus meisten Kongreßteilnehmer aus den USA kamen, sondern auch damit, daß man im Geological Survey der USA bereits seit Jahrzehnten den Fragen der Hydrogeologie besondere Aufmerksamkeit schenkt. Ein beredtes Zeugnis dafür legen auch die umfangreichen Publikationsreihen ab.

Literatur

SCHNEIDER, H.: Die Grundlagen der modernen Grundwasserwirtschaft und Grundwasserbewirtschaftung. — Z. Brunnenbau-Bohrtechnik, H. 7, Berlin 1950.

SCHNEIDER, H., C. TRUELSEN & H. THIELE: Die Wassererschließung. — Vulkan-Verlag, Essen 1952.

VIETE, G.: Der Periodische See von Roßla — ein Beispiel für Wasserbewegung im Zechstein Mitteleuropas. — Freib. Forsch.-H., C 5, Berlin 1953.

XXI. Internat. Geologenkongreß: Proceedings of Section 20, Part. XX, Applied Geology, Kopenhagen 1960.

Statistische Untersuchung über Erdgas in den USA[1)]

Referat von ERICH LANGE, Berlin

Das Erdgas rückt immer mehr ins Blickfeld der Weltöffentlichkeit, nicht zuletzt deshalb, weil beständig „manchmal unvorstellbar ergiebige Vorkommen" aufgefunden werden. Im übrigen ist das Erdgas als Brenn- und Treibstoff und als chemischer Grundstoff besonders gut verwendbar.

Mit einem absatzfähigen Aufkommen von 312,3 Mrd. m³ = 396 Mill. t SKE entfielen im Jahre 1958 etwa 31% der Primärenergieerzeugung in den USA auf Erdgas, während die Kohle nur noch mit 29% beteiligt war. Die absatzfähige Erdgasförderung zeigt Tab. 1.

Mehr als 75000 produzierende Sonden versorgten 1958 die USA mit Erdgas (gegenüber 575000 fördernden Erdölsonden). $^2/_3$ der Rohgasgewinnung stammen aus reinen Erdgasfeldern (Trockengas), der Rest sind Kondensat- oder Naßgase, die z. T. bei der Erdölförderung anfallen. Für das Einpressen in Erdölsonden werden etwa 11% der Rohgasförderung verwendet. Die absatzfähige Förderung war 1958 auf 83,9% der Gesamtgewinnung an Rohgas gestiegen (s. Tab. 2).

Das Gesamtaufkommen an absatzfähigem Erdgas verteilte sich auf die einzelnen Abnehmergruppen 1958 folgendermaßen:

Industrie	61 %	Lagerbildung	6 %
Haushaltungen	23 %	Leitungsverluste	2,5%
Handel	7,5%	Ausfuhr: weniger als	0,5%

Tab. 1. Absatzfähige Erdgasförderung der USA*)

Jahr	Mrd. m³	Mill. t SKE**)	Indizes 1949 = 100	Jahr	Mrd. m³	Mill. t SKE**)	Indizes 1949 = 100
1910	14,4	18	9	1951	211,2	268	138
1920	22,6	29	15	1952	226,9	288	148
1930	55,–	70	36	1953	237,8	302	155
1935	54,3	69	35	1954	247,6	314	161
1940	75,3	95	49	1955	266,3	338	174
1945	111,–	141	72	1956	285,5	362	186
1949	153,5	195	100	1957	302,4	383	197
1950	177,9	226	116	1958	312,3	396	203

*) Umfaßt den Verbrauch der Produzenten, die eingelagerten Mengen und die Leitungsverluste.

**) Steinkohle mit einem angenommenen Heizwert von 7000 kcal (0° 760 mm Hg).

Tab. 2. Entwicklung der absatzfähigen Förderung im Verhältnis zur Gesamtgewinnung

Jahr	Gesamt-gewinnung	Wieder in die Bohrsonden eingepreßt	Verluste	Absatzfähige Förderung
		in Mrd. m³		
1950	240,12	62,23		177,89
1951	274,37	40,74	22,46	211,17
1952	290,89	39,94	24,03	226,92
1953	301,46	40,74	22,94	237,78
1954	311,05	43,–	20,49	257,56
1955	331,87	43,63	21,91	266,33
1956	350,37	40,40	24,48	285,49
1957	365,47	40,13	22,91	302,43
1958	372,27	41,99	17,94	312,34
		in %		
1950	100	25,9		74,1
1951	100	14,8	8,2	77,–
1952	100	13,7	8,3	78,–
1953	100	13,5	7,6	78,9
1954	100	13,8	6,6	79,6
1955	100	13,2	6,6	80,2
1956	100	11,5	7,–	81,5
1957	100	11,–	6,3	82,7
1958	100	11,3	4,8	83,9

Die Hausbrandverbraucher sind die großen Nutznießer und teilweise auch die Triebkraft für die Expansion des Erdgases in den Vereinigten Staaten.

Aus Erdgas gewinnt man Gasbenzin, Flüssiggase und Schwefel. Die Produktion von Ruß aus Erdgas ist stark zurückgegangen, da man an Stelle des Erdgases immer mehr Erdölprodukte als Grundstoff verwendet. Auf die Wärmekraftwerke entfällt ungefähr $^1/_3$ des industriellen Verbrauchs (vgl. Abb. 1).

Bei der Herstellung von Portlandzement hat der Erdgasverbrauch auf Kosten der Kohle schneller zugenommen als die Zementproduktion. Die Kompressorenstationen der Fernleitungsnetze verbrauchten 1956 etwa 8,38 Mrd. m³

[1)] Aus: Statistische Informationen, Nr. 7, Hohe Behörde der Montanunion, Kohle und Stahl, Luxemburg, 1959.

Tab. 3. Preisfächer des Erdgases (in Cents je 1000 Kubikfuß)

Jahr	Preis am Erdgasfeld			Verbraucherpreis		
	Mindestpreis	Durchschnittspreis	Höchstpreis	Mindestpreis	Durchschnittspreis	Höchstpreis
1951	3,8	7,3	27,7	10,4	29,8	300,–
1952	4,–	7,8	29,2	11,6	33,2	232,2
1953	5,–	9,2	29,1	12,9	35,5	299,2
1954	5,–	10,1	32,6	13,5	38,1	277,5
1955	5,6	10,4	29,9	15,7	40,–	244,2
1956	6,–	10,8	28,3	15,7	41,5	233,–

Erdgas. In der petrochemischen Industrie nimmt der Verbrauch von Erdgas ständig zu. Fast 90% an synthetischem Ammoniak und beträchtliche Mengen an Azetylen usw. werden auf Erdgasbasis hergestellt.

Über die Entwicklung der amerikanischen Erdgaspreise gibt die Tab. 3 Auskunft.

Die Gesamtlänge der Gasleitungen erreichte 1958 mehr als 900000 km. In diese Zahl sind die Leitungen der Erdgasgesellschaften sowie auch die Sammelnetze der öffentlichen Unternehmen und die Transport- und Verteilungsleitungen eingeschlossen. Südflorida wurde 1959 durch eine Fernleitung von 2375 km, die jährlich 2,6 Mrd. m^3 transportieren wird, an die Erdgasversorgung neu angeschlossen.

Der Gesamtabsatz an Erdgas über das öffentliche Netz hatte sich 1958 auf über $2008 \cdot 10^{12}$ cft^3 (etwa 287 Mill. t SKE) erhöht. Die durchschnittliche Zahl der Gasabonnenten war auf 31,8 Mill. gestiegen, von denen 92% Erdgas für Haushaltszwecke verwendeten.

Das Vordringen der Erdgasleitungen in Gebiete, in denen bisher Kunstgas (= Stadtgas) verwendet wurde, führte zu einer Umstellung zahlreicher öffentlicher Verteilungsnetze auf Methangas. Gegenwärtig wird in den USA praktisch nur noch Methan verwendet, abgesehen von etwa 3% Mischgas und Flüssiggas. Durch die Zunahme des Erdgasangebotes wurde praktisch das Stadtgas (aus Steinkohlen oder Masut) aus der öffentlichen Versorgung ausgeschaltet. 1958 beliefen sich die Kokereigaslieferungen an die kommunalen Betriebe nur noch auf 6% der Kokereigaserzeugung. Das Mischgas, das zum Teil zur Deckung des Spitzenbedarfs verwendet wird, wird gleichfalls allmählich vom Erdgas verdrängt.

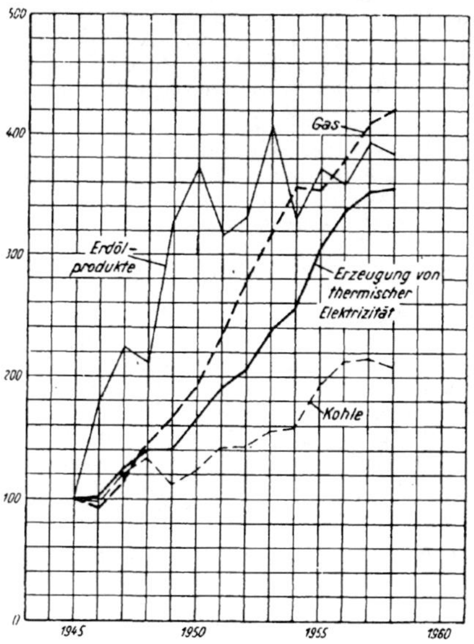

Abb. 1. In den Wärmekraftwerken des öffentlichen Netzes in den Vereinigten Staaten von 1945 bis 1958 verfeuerte Brennstoffmengen (Basis 1945 = 100)

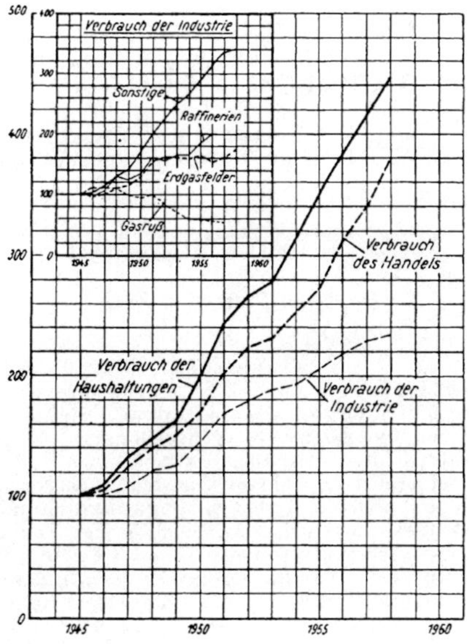

Abb. 2. Entwicklung der Förderung und des Verbrauchs an Erdgas in den Vereinigten Staaten (Basis 1945 = 100)

Die Erdgasvorräte (Tab. 4) liegen vor allem in Texas (etwa 46%), Louisiana (etwa 22%), Neu Mexiko, Oklahoma und Kansas (etwa 22%).

Einige Riesenvorkommen wie Panhandle und Hugoton enthalten je 600—700 Mrd. m^3. $^2/_3$ der Vorräte bestehen aus Trockengas.

Zu der Berechnung der Erdgasreserven sind gewisse Vorbehalte zu machen. Zunächst ist darauf hinzuweisen, daß sie auf völlig anderen Grundlagen als zum Beispiel die Berechnung von Kohlevorräten vorgenommen wird, so daß ein Vergleich zwischen den Vorräten beider Rohstoffe schwierig ist. Die errechneten Zahlen der Erdgasvorräte stellen sichere bzw. „kommerziell absetzbare“ Mengen dar. Einige Autoren vertreten die Auffassung, daß riesige Erdgasvorkommen überhaupt noch nicht entdeckt sind.

Zum Schluß des Berichtes wird der Ansicht Ausdruck gegeben, daß die behandelten Probleme so wichtig sind, daß sie in jedem Land eingehend studiert und zu ähnlichen Untersuchungen und Produktionsverfahren anregen sollten.

Tab. 4. Entwicklung der sicheren, gewinnbaren Vorräte (in Mrd. m^3)

Jahr	Zugänge im Laufe des Jahres	davon Neuentdeckungen in %	Sichere Reserven am Ende des Jahres*)	Zunahme im Vergleich zum Vorjahr	Verhältnis Reserven/ Nettoförderung**)
1	2	3	4	5	6
1946	502,–		4547	362	32,5
1947	310,9	31	4699	376	29,5
1948	393,6	30	4923	224	28,9
1949	358,9	36	5108	185	28,9
1950	341,2	24	5255	147	26,9
1951	454,6	19	5488	233	24,3
1952	406,2	38	5655	167	23,1
1953	579,2	35	5988	333	22,9
1954	271,8	52	5995	7	22,5
1955	623,5	26	6334	339	22,1
1956	703,7	23	6733	399	21,8
1957	569,7	45	6982	249	21,4
1958	539,7		7196	214	21,5

*) Unter Berücksichtigung der unterirdischen Speicherung und abzüglich der Nettoförderung in dem betreffenden Jahr.

**) In Jahren (die Nettoförderung ist gleich der gesamten Bruttogewinnung abzüglich der in die unterirdischen Speicher eingepreßten Mengen).

Zeitschrift für angewandte Geologie (1961) Heft 9

Die Berechnung der Lagerstättenvorräte nutzbarer Rohstoffe

Von W. I. SMIRNOW, A. P. PROKOFJEW, W. M. BORSUNOW, A. I. DJUKOW, M. A. SHDANOW, I. A. LJUBIMOW, W. J. NJEKIPELOW & N. A. PLOTNIKOW. Gesamtredaktion W. I. SMIRNOW und A. P. PROKOFJEW. Hauptredakteur P. J. ANTROPOW

672 S., mit 100 Tab. und 355 Abb., Wissenschaftlich-technischer Staatsverlag / Literatur über Geologie und Lagerstättenschutz, Moskau 1960

Referiert von FRIEDRICH STAMMBERGER, Berlin

1.

1950 erschien in Moskau W. I. SMIRNOWs klassische Arbeit „Die Berechnung der Vorräte mineralischer Rohstoffe", die nur einen bemerkenswerten Vorgänger kannte — KREJTERS (1940) umfassendes Werk über das Aufsuchen und die Erkundung mineralischer Rohstoffe, in dem auch ein umfangreiches Kapitel über Vorratsberechnung enthalten war. Nach dem SMIRNOWschen Buch erschienen in der Sowjetunion nicht wenige Bücher zum gleichen Thema (ISAKSON, KRENIG u. a., PROKOFJEW, JAKSHIN usw.), die jedoch das Thema bei weitem nicht mit der Tiefe und Gründlichkeit behandelten wie SMIRNOW oder wesentlich Neues zu unserem Wissen hinzufügten. Es ist somit kein Zufall, wenn das SMIRNOWsche Buch, sowohl in der Sowjetunion als auch bei uns, einen besonders nachhaltigen Eindruck hinterließ und unsere praktische Tätigkeit positiv beeinflußte.

Bei der Herausgabe des vorliegenden Werkes — gewissermaßen der Neuauflage von SMIRNOWs Buch — war offensichtlich der Gedanke maßgebend, eine alle Rohstoffe umfassende Arbeit den Lesern vorzulegen, die über die SMIRNOWsche Arbeit von 1950 hinaus eine Reihe zusätzlicher Erkenntnisse vermitteln, einzelne Seiten des Themas ergänzend behandeln und andere breiter und instruktiver darstellen sollte. So ist es zu erklären, daß der Umfang des vorliegenden Buches fast doppelt so groß ist wie der des SMIRNOWschen Buches von 1950, daß also faktisch ein völlig neues Buch entstand. Dieses Buch baut auf die SMIRNOWsche Arbeit (1950), das PROKOFJEWsche Buch über die Umgrenzung der Vorräte (1953, bei uns wenig bekannt), die SHDANOWsche Arbeit über Erdöl und Erdgas, neue geophysikalische Ergänzungen und die Quintessenz zahlreicher Instruktionen der sowjetischen Vorratskommission auf.

2.

Das Buch gliedert sich in fünf Teile. Im ersten werden die Parameter behandelt, im zweiten die Umgrenzung der Vorräte, im dritten die verschiedenen Berechnungsverfahren, im vierten die Einstufung der Vorräte in die verschiedenen Klassen in Abhängigkeit vom Lagerstättentyp und Rohstoff, und im fünften Teil werden Form und Inhalt einer Vorratsberechnung erläutert.

Die für die Herausgabe des neuen Buches benutzte Literatur schließt leider schon mit 1956/1957 ab. Dies ist bei der raschen Entwicklung, die sich besonders auf diesem Zweig der Lagerstättenerkundung bemerkbar macht, zweifellos eine Schwäche des Buches, das Ende 1960 erschien. Es konnten in ihm weder die neuen sowjetischen Klassifikationen (für feste Rohstoffe und für Erdöl und Erdgas) berücksichtigt werden noch jene neuen, 1960 in die Diskussion getragenen Gedanken, die für die Klassifizierung der Vorräte von grundsätzlicher Bedeutung sind.

Andererseits war von den Autoren vermutlich beabsichtigt, „nur" eine Anleitung zum praktischen Handeln zu geben, d. h., von der Erörterung noch umstrittener Gedanken Abstand zu nehmen. Aus dieser Sicht betrachtet, ist das vorliegende Werk zweifellos das Beste, was die internationale Literatur auf diesem Gebiet aufzuweisen hat. Es kann und wird sich günstig auch auf unsere Arbeiten auswirken. Dazu ist lediglich notwendig, die wichtigsten neuen Erkenntnisse und Hinweise dieses Buches den Geologen der DDR zu vermitteln, sich mit einzelnen Lösungen unter Berücksichtigung unserer Verhältnisse kritisch auseinanderzusetzen und jene Gedanken — die in diesem Buche nicht behandelt werden, für die weitere Entwicklung jedoch von prinzipieller Bedeutung sind — in unseren Zeitschriften zu diskutieren. Mit dem nachfolgenden Referat des Buches ist eine erste allgemeine Information für die deutschen Geologen beabsichtigt.

3.

Im Vorwort werden fünf Aufgaben einer Vorratsberechnung aufgezählt: die Mengenbestimmung, die Qualitätsbestimmung, die Bestimmung der technologischen Eigenschaften des Rohstoffes, die Bestimmung der geologischen Verhältnisse, die den nachfolgenden Bergbau beeinflussen, und die Zuverlässigkeit der in der Berechnung genannten Ziffern zur Entscheidung über die Nutzung der Vorräte. Es sind die gleichen Aufgaben, die 1950 SMIRNOW genannt hat. Offensichtlich hat die Entwicklung dazu geführt, daß diese Aufgaben mindestens um eine erweitert werden müssen: Bei Abschluß der Erkundung bzw. der Anfertigung einer Vorratsberechnung muß eine industrielle Einschätzung der Lagerstätte und ihrer Vorräte erfolgen (keine ökonomische Bewertung, sondern eine industrielle Einschätzung), d.h., der Erkundungsgeologe muß seinen Fund beurteilen, ob er die Möglichkeit zu einer industriellen Nutzung bietet, und hierfür die grundlegenden Kennziffern berechnen. Nur bei einer solchen Ergänzung ist es möglich, eine begründete Gruppierung der Vorräte in Bilanz- und Außerbilanzvorräte vorzunehmen.

In der Einleitung des Buches wird ein recht vollständiger Überblick über die Geschichte der Vorratsklassifikation und -berechnung gegeben. Die Geologen der DDR können mit Befriedigung feststellen, daß ihnen in diesem Zusammenhang ein beachtlicher Platz zugewiesen wurde. Selbstverständlich spielen die sowjetischen Arbeiten eine unvergleichlich größere und wichtigere Rolle. Nicht zufällig, denn die Darlegungen zeigen, daß in der Sowjetunion die Gelehrten mindestens seit 1923 an diesen Problemen intensiv gearbeitet haben. Wir Geologen der DDR konnten uns — als wir 1954 bis 1955 dieses Thema aufgriffen — auf die sowjetischen Ergebnisse stützen, zugleich die inhaltsreichsten Arbeiten des westlichen Auslands kritisch aufnehmen und relativ schnell den bestehenden Rückstand aufholen: Seit 1955 sind diese Probleme wohl in keinem Lande so intensiv diskutiert und bearbeitet worden wie bei uns. Mehr noch! Wir haben auf diesem Gebiet in den Hauptfragen den Anschluß an die Weltspitze vollzogen. Unser Bestreben muß es sein, dieses Niveau zu halten und in Zukunft die Spitze international mitzubestimmen.

4.

Der 1. Teil des referierten Buches — Bestimmung der Berechnungsparameter — behandelt drei Gebiete: feste (metallische) Rohstoffe; Erdöl und Gas; Wasser. In diesem Teil sind besonders beachtenswert die neuaufgenommenen geophysikalischen Verfahren zur Bestimmung der Mächtigkeit. Hier bieten sich für unsere Praxis eine Reihe billiger und zuverlässiger Methoden an, die vor allem bei schwerkernbarem Gestein eine große Hilfe darstellen. Zu bedauern ist es — vom Standpunkt unserer geologischen Verhältnisse —, daß im Unterschied zu SMIRNOW (1950) die Besonderheit der Greisenvererzung keine Berücksichtigung fand.

Umfassender und ausführlicher sind die Kapitel zur Bestimmung des Volumengewichts, der natürlichen Feuchtigkeit usw. behandelt worden. Die Praxis bei uns zeigt, daß diese Berechnungsparameter leider nicht immer die erforderliche Beachtung und notwendige Sorgfalt bei ihrer Bestimmung erfahren.

Die Kontrolle der Analysenergebnisse ist zwar auf 13 Seiten behandelt. Im Hinblick auf die Bedeutung dieser Untersuchungen kann jedoch die Darlegung nicht als erschöpfend bezeichnet werden und nicht den praktischen Geologen befriedigen. Das trifft auch auf die Behandlung von Mammutgehalten zu. Dafür ist die Neuaufnahme der Berechnung von Nebenkomponenten zu begrüßen, obwohl auch dieses Thema infolge seiner Neuartigkeit und praktischen Bedeutung eine breitere Behandlung verdient hätte.

Wie zu erwarten war, ist durch die Mitarbeit SHDANOWS eine wesentlich bessere und tiefere Behandlung der Fragen erreicht worden, die mit der Bestimmung der Parameter für Erdöl- und Erdgasvorräte zusammenhängen. Diese Abschnitte sind für die DDR besonders aktuell und wichtig. Wenn hier auf eine eingehendere Darlegung verzichtet wird, so deshalb, weil beabsichtigt ist, ein besonderes Büchlein SHDANOWS zu diesem Thema noch 1961 in der „Schriftenreihe des praktischen Geologen" herauszugeben.

Die Berechnung der Grundwasservorräte steht uns in der DDR noch bevor. Die vorliegenden Hinweise werden uns dabei von großem Nutzen sein.

5.

Der zweite Teil des Buches beginnt mit einem Kapitel über die Konditionen. Der Verfasser (PROKOFJEW) bleibt hier nach Meinung des Rezensenten hinter dem in der UdSSR und bei uns erreichten Stand der Klärung dieses Problems zurück. Er entwickelt u. a. seine bei uns bereits vor Jahren veröffentlichten Gedanken, ohne z. B. auf die 1957—1959 und vorher in der Sowjetunion zu dieser Frage geführte Diskussion einzugehen. Ausgezeichnet — wenn auch etwas kurz gehalten — sind dafür seine Ausführungen über den Einfluß hydrogeologischer und bergtechnischer Verhältnisse auf die Lagerstättenumgrenzung. Dafür sind die im 6. Kapitel gemachten Ausführungen mit ihren allgemeinen Schemata nur zum Teil für die praktische Arbeit unmittelbar von Nutzen. Der Inhalt der Kapitel 7 und 8 fügt unseren Kenntnissen nur wenig Neues hinzu, ist jedoch für die Vollständigkeit der Darlegung in einem solchen umfassenden Werk unerläßlich.

Der dritte Teil — die eigentlichen Berechnungsmethoden — unterscheidet sich inhaltlich nur wenig von der Ausgabe 1950 (SMIRNOW). Interessant für den deutschen Leser ist hier Kapitel 11, das die operative Vorratsbilanzierung in den einzelnen Betrieben behandelt.

Es sei erwähnt, daß die Berechnung der flüssigen und gasförmigen Rohstoffe eingehender dargestellt wurde als früher, was dem Buch nur zum Vorteil gereicht.

Der vierte Teil behandelt die Anwendung der in den vorhergehenden Teilen allgemein gemachten Darlegungen auf die verschiedenen Rohstoffarten und ihre Lagerstättentypen. Es ist der umfangreichste und praktisch interessanteste Teil, der — im Interesse einer besseren Nutzanwendung — eine eingehendere und besondere Darlegung verlangt, wie sie hier aus verständlichen Gründen nicht gegeben werden kann. Der Schlußteil — Form und Inhalt der Vorratsberechnungen — lehnt sich stark an die Richtlinien der sowjetischen Vorratskommission an, die weitgehend der betreffenden Richtlinie der ZVK entsprechen.

Zusammenfassend muß das vorliegende Werk als außerordentlich inhaltsreich und wertvoll bezeichnet werden. Für den Anfänger kann sogar die Fülle des Gebotenen verwirrend wirken. Dagegen sind besonders die hervorragenden Beispiele und Abschnitte des vierten Teiles geeignet, Anleitung und Hilfe bei der Lösung konkreter Aufgaben zu sein.

6.

Der Rezensent hätte gewünscht, über einige aktuelle, z. Z. bei uns diskutierte Probleme den Standpunkt des Autorenkollektivs kennenzulernen. Sie sind jedoch in der herkömmlichen Weise behandelt worden. So wurde das Problem der prognostischen Vorräte überhaupt nicht gestreift. Die volkswirtschaftliche Bedeutung der Vorräte wurde traditionsgemäß nur auf die Klassen A_2 bis C_1 beschränkt. Die im vierten Teil mitbehandelte Frage des notwendigen Vorratsverhältnisses (organische Zusammensetzung der Vorräte) bei der Übergabe ist nicht untersucht worden, es wurden lediglich die bestehenden Bestimmungen zitiert. Die Klassifizierung der Lagerstätten nach der bis 1960 gültigen Übergabetabelle harmoniert dabei keineswegs mit der in den einzelnen Instruktionen gegebenen Gruppierung der Lagerstätten. Auch im vorliegenden Buch wurde dieser Widerspruch nur notdürftig überwunden (z. B. bei den Schwarzmetallen, bei den Seifen, Kohle usw.). Diese und andere kritische Bemerkungen sollen und können jedoch die große wissenschaftliche Bedeutung des referierten Werkes nicht schmälern. Es handelt sich im Grunde nicht um Lücken der Darstellung, sondern um Lücken in unserem Wissen. (Es wäre erfreulich, wenn die deutschen Geologen bei deren Schließung eine gebührende Rolle spielen würden.)

Die rezensierte Arbeit wird — ebenso wie bisher das Buch SMIRNOWS — für viele Jahre international unerreicht bleiben und schon gar nicht übertroffen werden. Wir könnten uns glücklich schätzen, wenn wir mit deutschen Beispielen ihm auch nur etwas annähernd Gleichwertiges an die Seite stellen könnten. Eine vorzügliche Leistung, zu der wir die Verfasser und Redakteure beglückwünschen.

Besprechungen und Referate

GAWRISCH, W. K.

Über die ökonomische Effektivität der geologisch-geophysikalischen Arbeiten im südwestlichen Teil der Dnepr-Donez-Senke

„Nowosti neftjanoj techniki", Ser. Geol., Nr. 6, 1960, S. 23—28

Verf. analysiert die geophysikalisch-geologische Erkundung von 17 Strukturen aus der Ukraine. In der Zeit von 1945 bis 1958 wurden dafür 91124000 Rubel ausgegeben, das sind weniger als ein Drittel der Kosten für Erkundungsbohrungen. Am effektivsten waren dabei die „Struktur-Kartierungsbohrungen" (mittlere Teufe 195 m). Durch sie wurden 34 Strukturen festgestellt und 15 durch andere Methoden entdeckte Strukturen bestätigt. Die so erkundeten Strukturen kosteten im Mittel 260000 Rubel. Durch die Seismik wurden 26 Strukturen entdeckt und insgesamt 51 vermessen. Die Kosten betrugen pro Struktur 470000 Rubel. Außerdem wurden sieben Antiklinalen durch „Struktur-Suchbohrungen" (mittlere Teufe 454 m) entdeckt und weitere 32 durch andere Methoden entdeckte abgebohrt. Die Kosten betrugen pro Struktur im Mittel 1020000 Rubel. Diese Aufstellung zeigt, daß das Aufsuchen von Strukturen durch „Struktur-Suchbohrungen" unrationell ist. Zweckvoller ist ihre Verwendung zusammen mit der Seismik; sie sind hauptsächlich für regionale Profile einzusetzen. Durch geologische Kartierung wurden drei Strukturen mit einem Kostenaufwand von je 200000 Rubel entdeckt, die aber für die tieferen Horizonte nicht bestätigt wurden. 39 Strukturen wurden geoelektrisch vermessen, wobei sechs Strukturen neu entdeckt wurden. Die Kosten betrugen je 465000 Rubel. Zwei der gefundenen Antiklinalen konnten durch Seismik und Bohrungen nicht bestätigt werden. Die für die Feststellung lokaler Strukturen eingesetzte Gravimetrie und Magnetik gab keine eindeutig zu interpretierenden Ergebnisse. Daraus wird gefolgert, daß es günstiger ist, Elektrik, Gravimetrie und Magnetik zur Klärung regionaler Fragen (z. B. Tiefe des präkambrischen Grundgebirges, Verbreitung des salzführenden Perms usw.) einzusetzen. Die der Arbeit beigefügte Tabelle zeigt, daß die Teufe der „Struktur-Kartierungsbohrungen" von 110 m (1947) auf 308 m (1958) gestiegen, der Bohrmeterpreis aber im gleichen Zeitraum von 306 Rubel auf 49 Rubel gesunken ist. Bei den „Struktur-Suchbohrungen" vergrößerte sich die Teufe von 225 m (1945) auf 609 m (1958), und der Preis sank von 488 Rubel auf 100 Rubel/m. Bisher wurden die Bohrungen bis 500 und 600 m mit den verhältnismäßig schweren Geräten KAM—500 niedergebracht. Wesentlich billiger ist das Abteufen von Bohrungen bis zu 500—750 m mit dem fahrbaren Gerät URB—3AM und von Bohrungen bis zu 1200—1400 m mit den Geräten BU—40, URB—4P, SIF—1200 u. a.

Verf. empfiehlt, in den Gebieten mit Salzstöcken zur Unterstützung der Seismik und zur Klärung der Lage einzelner Störungen und Blöcke nach Möglichkeit Kartierungsbohrungen anzusetzen. Außerdem ist es günstig, die Seismik hierbei durch Messungen mit hochempfindlichen Gravimetern weitestgehend zu ersetzen und das Niederbringen von Bohrungen mit kleinem Durchmesser durch Verwendung der Geräte B—4 und „Ufimjez-Schmidt" zu erweitern. Es wird auch festgestellt, daß die „Struktur-Suchbohrungen" und die geophysikalischen Messungen komplex durch einen Betrieb ausgeführt werden sollten. Nach bisherigen Erfahrungen wurden dabei 4,5 Mill. Rubel eingespart. F. WEGERT

TUGARINOW, P. M.

Die Bedeutung des Nebengesteins bei der Bildung endogener Lagerstätten nutzbarer Bodenschätze

„Geologie der Erzlagerstätten", Jg. 1 (1959), H. 2 (russ.)

Der vorliegenden Arbeit kommt eine um so größere Bedeutung zu, da das in ihr behandelte Problem bis in die Gegenwart nur unzureichend untersucht wurde. Gerade in der deutschen Literatur sind in den letzten Jahren dazu nur wenige Beiträge veröffentlicht worden.

Aus dem ersten Teil der Arbeit geht hervor, daß unter den Geologen während der letzten 75 bis 100 Jahre und bis in die Gegenwart zwei Grundgedanken über den Einfluß des Nebengesteins auf die Bildung endogener Lagerstätten vorherrschen. Die Anhänger der am Ende des vorigen Jahrhunderts entwickelten Lateralsekretionshypothese mit allen ihren Abarten behaupten, daß alle Erzlösungen keine Metalle aus dem Magma bringen und bezweifeln darüber hinaus die magmatische Entstehung überhaupt. Ihrer Meinung nach werden die Metalle aus dem Nebengestein herausgelaugt. Hierbei wird nur die Rolle des Nebengesteins bei der Erzausfällung berücksichtigt, während das Magma völlig ignoriert wird.

Die Anhänger der in den zwanziger Jahren entwickelten entgegengesetzten Hydrothermalhypothese, die besonders von den amerikanischen Geologen (LINDGREN, EMMONS, GRATON u. a.) ausgearbeitet wurde, ignorieren im wesentlichen die Rolle des Nebengesteins bei der Erzausfällung. Sie sehen die spätmagmatische Lagerstätten bildenden Komponenten als endogen an, die in Form der Erzlösungen aus dem Magmaherde stammen.

Diese beiden gegensätzlichen Hypothesen berücksichtigen nicht die natürlichen Wechselwirkungen und halten so einer Kritik nicht stand. Nach TUGARINOW gliedern die sowjetischen Geologen den Einfluß des Nebengesteins auf die Lagerstättenbildung nach folgenden drei Merkmalen:

1. nach den chemischen Reaktionen der metallhaltigen Lösungen mit dem Nebengestein;

2. nach dem Einfluß des Nebengesteins auf die Form der Erzkörper (im wesentlichen bedingt durch die unterschiedlichen Lagerungsbedingungen und die physikalischen Eigenschaften der Gesteine) durch Spaltenbildung, Porosität usw. mit einer Bewertung der wichtigsten Gesteine;

3. nach den Wechselwirkungen des Nebengesteins auf die Zusammensetzung der aufsteigenden Lösungen.

Zu diesen drei Merkmalen bringt der Autor ein sehr umfangreiches, uns zum größten Teil unbekanntes Tatsachenmaterial aus sowjetischen und ausländischen Lagerstätten.

Die Charakterisierung des Nebengesteins stellt für die endogene Lagerstättenbildung eine der wichtigsten Aufgaben der Lagerstättenkunde dar. Dadurch können sowohl die Herkunft der Metalle als auch die den magmatischen Differentationsprozeß bestimmenden Faktoren, aber auch der unterschiedliche Einfluß der Gesteine (je nach Chemismus und physikalischen Eigenschaften) auf die Erzlösungen festgelegt werden. HEINZ SCHULZ

HOYNINGEN-HUENE, E. VON

Das Permokarbon im östlichen Harzvorland

Freib. Forsch.-H., C 93, Berlin 1960. — 116 S., 25 Abb., 28 Tab.; 20,— DM

Die Arbeit bietet eine Gesamtdarstellung des Permokarbons im östlichen Harzvorland. Da stratigraphisch verwendbare absolute Zeitmarken für die Ablagerungen fehlen, wird versucht, aus der zusammenfassenden Betrachtung der Wechselwirkungen von Epirogenese sowie Orogenese mit Vulkanismus und Sedimentation neue stratigraphische Anhaltspunkte zu gewinnen. Aus den gegenseitigen Beziehungen verschiedener benachbarter Faziesgebiete ergeben sich so wenigstens relative Zeitwerte. Zwischen den Mansfelder und Eislebener Schichten, die als Leitschichten dienen, treten Zwischenschichten auf, die starke fazielle Schwankungen aufweisen. Den Faziesproblemen dieser Hornburger, Wettiner und Halleschen Schichten im Zusammenhang mit ihrer geologischen Umgebung gelten in erster Linie die Untersuchungen des Verf. Im zweiten Teil der Arbeit sind die der Untersuchung als Grundlage dienenden Aufnahmeergebnisse der Gelände- und Untertagearbeit übersichtlich zusammengefaßt. HAVEMANN

JEROFEJEW, N. S. & W. G. WASILJEW

Zur verstärkten Erkundung neuer Gasfelder

„Geologia nefti i gasa", H. 1, 1959, S. 9—13

Nach Ansicht der Autoren wird die der Erdölindustrie gestellte Aufgabe, 1965 eine Rohölförderung von 240 Mill. t und eine Erdgasgewinnung von 150 Mrd. m^3 zu erreichen, durch die Fortsetzung der geologischen Erkundungs- und Untersuchungsarbeiten in bereits fördernden Gebieten sowie im wachsenden Ausmaß in den höffigen Gebieten Mittelasiens, Sibiriens und im SE des europäischen Teils der UdSSR gelöst werden. Gegenwärtig sind 80% der Erdölvorräte auf das Wolga—Ural-Gebiet konzentriert; hier wurden über 150 Erdölfelder und 250 Erkundungsfelder, die als perspektivisch betrachtet werden, festgestellt. Es ist geplant, im Siebenjahrplan 65% der zur Erkundung vorgesehenen Vorräte in diesem Gebiete zu erkunden.

Eine große Bedeutung hat die Erkundung von Erdöl- und Erdgaslagerstätten in der Kaspisenke. Hier muß die Erkundung in den Randgebieten auf Devon, Karbon, Perm und das Mesozoikum sowie auf Jura, Kreide und Tertiär in den zentralen Gebieten der Senke erfolgen.

Besondere Aufmerksamkeit verdienen die geologischen Erkundungsarbeiten in Mittelasien und Kasachstan. In Kasachstan sollen in den nächsten sieben Jahren vor allem Oberperm und Mesozoikum erkundet werden. Die Arbeiten müssen hierbei auf die Salzkuppeln des Embagebietes, den nördlichen Teil der Kaspisenke, das Gebiet zwischen Wolga und Ural und auf die stark höffigen Gebiete der Süd-Emba-Erhebung, des Ust-Urt und des Mangyschlak konzentriert werden.

Verstärkt fortgesetzt werden auch die Erkundungsarbeiten im Nordkaukasus und in der Ukraine sowie in Lettland, Litauen und dem Kaliningrader Gebiet. —D—

CORPS, E. V.

India Invites Oil Capital

„The Petroleum Engineer", Vol. 32 (1960), Nr. 9, S. B 59—B 68

Das erste Ölfeld, Digboi, wurde bereits 1866 erbohrt. Indien hat aber noch zahlreiche ausgezeichnete Möglichkeiten in ungefähr 400000 Quadratmeilen Sedimentationsbecken mit marinen und limnischen Gesteinen. Sie liegen im W, N und E des Indischen Schildes sowie in den Randsenken des Himalaja-Gebirges.

Die bisherigen Felder: Digboi auf einer schmalen Antiklinale fördert aus 24 getrennten miozänen Sanden. 1000 Bohrungen wurden niedergebracht, 500 produzieren. Die tägliche Produktion liegt ca. bei 650 t, Gesamtproduktion bis 1959 ca. 9 Mill. t. Nahorkatja-Hugrijan wurde nach geophysikalischer Vorbereitung 1933 in oligozänen Schichten in 3500 m Tiefe erschlossen. Es liegt auf einer komplizierten, stark gestörten Faltenstruktur und produziert aus 49 Sonden, jede 50—100 t pro Tag. Moran wurde 1956 entdeckt, ist 4000 m tief und fördert aus 8 Sonden aus einer ähnlich komplizierten Struktur und der gleichen Formation. Die beiden letzten Felder haben eine Kapazität von ca. 9000 t/Tag. Alle drei liegen im Brahmaputra-Tal. Ein kleines Ölfeld, Badarpur, liegt in Assam, 500 km nordöstlich von Kalkutta.

Experten aus der UdSSR, Deutschland und den USA haben die Erdölmöglichkeiten geprüft, besonders aktiv war die sowjetische Gruppe, die auch die Bildung der Erdöl- und Erdgaskommission anregte, die 1959 eine selbständige Körperschaft wurde. Sie arbeitet besonders mit sowjetischen und rumänischen Experten und beschäftigt 125 Mann geologisches Personal, 50 Vermesser, 8 Gravimeter- und Magnetiktrupps, 8 seismische und 2 Bohrlochmeßtrupps mit 150 Mann geophysikalischem Personal und 60 Vermessern. Sie hat acht Tiefbohrgeräte (4000 m, drei rumänische, fünf sowjetische) sowie sechs amerikanische Geräte geringer Teufenkapazität. Insgesamt sind 100 ausländische Spezialisten beschäftigt. Im dritten Fünfjahrplan 1960—1965 sind Mittel in Höhe von 420 Mill. $ für die Erkundung enthalten, die zu einer täglichen Förderung von 40000 t/Tag führen soll. Für die Arbeiten sind vorgesehen: 25 geologische Trupps, 18 Gravimeter- und Magnetiktrupps, 30 seismische Trupps, 200 Erkundungsbohrungen, 90 Strukturbohrungen, 300 Produktionsbohrungen mit 50 Bohrgeräten. Von den bereits niedergebrachten Erkundungsbohrungen haben fünf Erdöl- und Gasanzeichen gebracht. Eine deutsch-italienische Gemeinschaft baut eine Pipeline nach Nahorkatja und Moran. MEINHOLD

BONNARD, E. G. & J. SCHOEFFLER

Die Erdöl- und Erdgasfelder von Lacq (Südwest-Frankreich)

„Erdöl-Zeitschrift", Jg. 76 (1960), H. 11, S. 400—405

Verf. bringen eine übersichtliche Zusammenstellung der geologischen Lage, der Stratigraphie und der Tektonik des kleinen Erdölfeldes und des darunter lagernden großen Gasfeldes von Lacq. Die Struktur von Lacq liegt an einer vielleicht durch eine Flexur gehobenen Verbindungszone des Flyschgrabens mit dem epikontinentalen Plateau. Sie ist infolge einer Orogenese der Kordillieren (= „vorpyrenäische Zone") in der Hauptphase des Lutetien entstanden. „Da die Struktur von Lacq eine Aufwölbung im Untergrund bildet, konnte sie den größten Teil der in den benachbarten Synklinalen gebildeten Kohlenwasserstoffe aufnehmen." Die Speichergesteine zeigen Zerklüftung und Dolomitisierung, die zur Ausbildung sekundärer Porosität führten.

Im einzelnen wird über den Gasspeicher, den z. B. die Bohrung L 104 in 3350—4100 m gasproduzierend antraf, folgende stratigraphische Einteilung bekanntgegeben:

„A. Kalke mit Choffatellen und Ostracoden, mit Dolomiteinlagerungen: Neocomien. Diese Zone wurde selbst wieder in drei Niveaus unterteilt, die in allen Bohrungen gut korrelierbar sind:

a) oben: Kalkzone mit Anhydrit (erste Anzeichen von Gas);
b) in der Mitte: hauptsächlich Mergel, die eine unvollständige Abdeckung bilden. Sie bilden bei der Karottage ein gut feststellbares Niveau;
c) unten: Zone von zerklüfteten Kalken mit wenig Anhydrit. Gasspeichergestein.

B. Kalke mit Choffatellen, Dictyoconen, Acicularien: Valanginien.
C. Kalke, Dolomite und azoischer Sandstein: Purbeckien.
D. Auch im Portlandien sind drei Niveaus bestimmt worden. Kalke und Dolomite mit Spirocyclinen treten zwischen zwei Zonen azoischer Kalke und Dolomite auf.
E. Darunter wurde das Kimmeridgien durch das Vorhandensein von Pseudocyclaminen, zusammen mit mehr oder weniger dolomitischen Kalken mit Anhydriteinschlüssen in seiner unteren Hälfte, identifiziert." E.

PEGAND, G. & D. REYRE

Les Champs de Pétrole de L'Afrique Equatoriale Française

V. Welterdölkongreß, New York 1959, Section I — Paper 30

Seit 1956 sind in AEF Erdöllagerstätten von mittlerem Umfang aufgeschlossen worden. Sie sind mit einer salinaren Folge des Apt verbunden. Diese kann, wie im Mittel-Kongo, die Lagerstätten abdecken oder zur Bildung von Salzstöcken, wie in Gabun, führen. Die Speichergesteine, die in verschiedenen Horizonten einer mächtigen, von der unteren Kreide bis zum Miozän reichenden Serie auftreten, sind Kalksteine, Sande oder spaltenreiche, silifizierte Schiefer. Sie sind diskontinuierlich und werden im Salzstockgebiet von Gabun durch die einzelnen Strukturen beeinflußt. Die Ölakkumulationen fanden voraussichtlich kurz nach der Bildung der Fallen statt. Während viele Speicher in der klassischen Weise ausgebildet sind, ist das in den eozänen Speichern Gabuns nicht der Fall. Die dort auftretenden klüftigen silifizierten Schiefer stellen schwierige komplexe Probleme dar, die für die Berechnung der Vorräte und die Anwendung der optimalsten Gewinnungsmethode gelöst werden müssen. Ähnliche Schwierigkeiten bereiten die in der Kreide von Pointe Clairette in linsenartigen Sandspeichern auftretenden Akkumulationen. Ende 1958 erreichte die Tagesproduktion 2070 m³ Rohöl.

Erdölfelder Gabuns

Name	Entdeckung	Sondenzahl	produzierende Sonden	Tagesproduktion 1. 11. 58	Dichte
Cap Lopez	Juni 1958	4	3	ca. 110 t	0,847
Clairette	Juli 1956	50	38	ca. 700 t	0,867
Alewana	Mai 1958	5	1	ca. 55 t	0,860
Tchengué	Juli 1957	5	2	Gas nicht ausgebeutet	
M'Béga	September 1957	31	19	ca. 700 t	0,894
Animba	Mai 1957	12	4	noch keine Produktion	0,977
Ozouri	Januar 1956	17	10	ca. 350 t	0,935

E.

FLANAGAN, D. A. & CRAWFORD, P. B.

Feasibility of Underground Storage of Liquified Methane

„J. of Petr. Technology", Jg. 12 (1960), Nr. 6, Trans. AIME, Techn. P. Nr. 2060, S. 73—76

Nachdem der Transport verflüssigten Methans mit Tankern günstig verlaufen ist, wird untersucht, ob eine wirtschaftliche Speicherung möglich ist. Die Autoren beschäftigen sich in ihrem Beitrag mit den Speicherungsmöglichkeiten in Untergrundkavernen. Bei atmosphärischem Druck wird CH_4 bei —161° C verflüssigt. Wird es mit dieser Temperatur gespeichert, dann wird durch die Verdampfung das Gebirge ausgekühlt und die Verdampfungsrate nimmt schnell ab, am Ende eines Monats beträgt sie noch etwa 1400 Nm³ für einen Speicher von etwa 8 m Durchmesser und 20000 Nm³ für einen von 30 m Radius. Nach zehn Jahren ist sie für die gleichen Speicher auf 500 m³ bzw. 2800 m³ abgesunken. Durch Isolation ist eine weitere Senkung um einen Faktor von 1/8 bis 1/10 möglich. Die Kosten für die bergmännische Herstellung von Kavernen (in Salzlagern) betragen 0,75 bis 1,25 $ für 28 m³ (1 MCF) Speicherraum. Das ist weniger als für Übertagespeicher bei geringen Unterhaltskosten. Die Untertagespeicherung ist daher als wirtschaftlich anzusehen. M.

DANIEC, L.

Probleme der Erkundung polymetallischer Erze in den Sudeten

„Przeglad Geologiczny", H. 8/9, 1958, S. 369—372

Wesentlich vereinfacht lassen sich in den Sudeten folgende lithologisch-strukturellen Einheiten ausscheiden:

1. die alten stark umgewandelten Elemente des sudetischen Moldanubikums, zu denen die Schollen des Eulengebirges sowie die im Gebiet des Glatzer Schneeberges und im Massiv des Altvatergebirges lokal auftretendenden Mischgneise und Migmatite gehören;
2. die aus kambrosilurischen, manchmal auch aus devonischen Sedimenten sowie aus Erguß- und tuffogenen Gesteinen aufgebauten altpaläozoischen Schichten, die stark tektonisch und örtlich auch thermo- und dynamometamorph beansprucht wurden und in vielen Fällen die unmittelbare Decke der sudetischen Magmenmassive bilden;
3. die Granitgneise des Iservorgebirges und des Adlergebirges, die zu den kaledonisch umgewandelten älteren Magmengesteinen gehören;
4. die variscischen sauren Granitoidmagmen bauen den Streifen Zulova-Strzelin in den Ostsudeten, das Riesengebirgsmassiv sowie im Rahmen des postsudetischen Blocks den Streifen Jauer—Striegau—Zobten in den Westsudeten auf. Daneben besitzen die Ergußgesteine des Rotliegenden eine erhebliche Ausdehnung.
5. Für die die Depressionsformen ausfüllenden Sedimente des jüngeren Paläozoikums (Karbon—Perm) sind vorwiegend die Bruchformen charakteristisch.
6. Das Mesozoikum ist in den Sudeten durch die im allgemeinen die zentralen Depressionspartien ausfüllenden Sedimente der Trias und Kreide vertreten.

Mit Ausnahme der epigenetischen Mineralbildung im Karbon und Perm der innerdeutschen Mulde treten die Mehrzahl der Lagerstätten und Mineralisationen innerhalb der altpaläozoischen metamorphen Schieferserien auf. Man muß annehmen, daß eine Verbindung zwischen der Mineralisation und dem variscischen Magmatismus besteht.

Zur Ermittlung der Metallogenese in den Sudeten sind geochemische und geophysikalische Erkundungsarbeiten durchzuführen.

Die Zusammenstellung aller über die Mineralisierung der Sudeten vorhandenen Unterlagen in Verbindung mit der geologischen Charakteristik des Geländes erlaubt, sich ein ungefähres Urteil über die wichtigsten metallogenen Grundzüge in den einzelnen Teilgebieten der Sudeten zu bilden. Die metallometrischen Übersichtsaufnahmen gestatten, Gebiete mit höherer Mineralisation, ihren Umfang und Richtungswechsel festzustellen. Gleichzeitig können sie die Grundlage für die Prospektionsarbeiten bilden. In der ersten Phase sollten die Untersuchungen in Gebieten des Metamorphikums mit geringen Deckgebirgsmächtigkeiten in Verbindung mit geophysikalischen und evtl. radiometrischen Arbeiten durchgeführt werden. Geochemische Untersuchungen sollten sich mit Fragen der Sedimentation und Geochemie der Schwermetalle in den Sedimentationsprofilen des Karbons und Perms befassen.

Bei der Bearbeitung der Petrographie und Geochemie der Schwermetalle in den variscischen Magmengesteinen kann man sich auf die recht umfangreichen petrographischen Arbeiten über die magmatischen Gesteine Niederschlesiens und andere ergänzende Arbeiten stützen. Zusätzliche geochemische Untersuchungen und radiometrische Messungen über Anwesenheit der schweren und radioaktiven Elemente werden jedoch notwendig sein.

Für die Extrapolation der geologischen Daten und Prospektionsgrundlagen im Gebiet des Nordsudetischen Blocks und in den Ostsudeten ist eine längere Zeit erforderlich. Hierfür sind geophysikalische Verfahren und Basisbohrungen notwendig. —D—

ASHGIREJ, G. D.

Das Problem des Aufsuchens verborgener Blei-Zink-Lagerstätten in Nordossetien

Materialien der Allunionsberatung zur Ausarbeitung wissenschaftlicher Grundlagen für das Aufsuchen verborgener Erzkörper, Moskau 1958, S. 74—78 (russ.)

Die in der Nordossetischen ASSR gelegenen Blei-Zink-Lagerstätten von Sadon und Sgid sind noch nicht völlig abgebaut. Ihre Erkundung nach den Flanken und Teufen wird weiter fortgesetzt. In Nordossetien sind die Blei-Zink-Erze an eine einheitliche über 75 km lange Antiklinalzone, die sogenannte Sadon—Ural-Zone gebunden. Diese wird von Längsbrüchen begrenzt, aber alle großen und die meisten kleinen polymetallischen Lagerstätten des Gebiets sind an Querbrüche gebunden. Die Vererzung tritt in den kristallinen Gesteinen des Sockels und in Keratophyrlaven im Liegenden von jurassischen Sandsteinen und schwarzen Tonschiefern auf. In den Jurasedimenten sind Trümer von Blei- und Zinkmineralien weit verbreitet, die als Indikatoren für das Auftreten nutzbarer Lagerstätten in den darunter lagernden kristallinen Gesteinen ausgewertet werden können. E.

KOSHEWNIKOW, K. J. & L. I. KONONOWA

Chromhaltige Brauneisenerze der Serowsker Lagerstätte und die Perspektiven ihrer Nutzung

„Raswedka i Ochrana Nedr“, Nr. 7, 1960

Die Serowsker Lagerstätte am östlichen Abhang des Nordurals bietet die Basis zur Errichtung eines mächtigen metallurgischen Kombinats im Norden der Sowjetunion. Die konglomeratischen Bohnerzlager treten in känozoisch-mesozoischen Ablagerungen einer Depression von 100 km^2 Ausdehnung auf, die im Osten vom Kolsker Serpentinitmassiv begrenzt wird. In den Jahren 1954—1959 wurden drei Eisenerzhorizonte, die an kontinentale Bildungen des Mesozoikums geknüpft sind, erkundet (ein trias-jurassischer, ein jurassischer und ein alb-cenomaner).

Trias-jurassischer Eisenerzhorizont: Primäre pulvrige ockrige Brauneisenerze mit Ni und Co, gebunden an lateritische Verwitterung des Serpentinits. Die Auswaschung bedingt isolierte Vorkommen: Linsen von 0,3—9,5 m Mächtigkeit. Erzmineralien: Goethit, Hydrogoethit, Magnetit, Chromspinelle, Pyrit, Markasit. Nichterze: Quarz, Chalcedon, Opal, Nontronit. Überlagerung durch feine Quarzsande des Santon oder durch konglomeratische Bohnerzlager des Alb-Cenoman.

Jurassischer Eisenerzhorizont: Nur im Ostteil der Depression sind diese umgelagerten Erze auf 12 km Erstreckung entwickelt, die in eigentliche Ockererze, in lehmige und sandig-lehmige Ockererze unterteilt werden. Sie treten im Hangenden der bunten Serie des Jura auf und werden von konglomeratischen Bohnerzen und bunten Lehmen, seltener von den Sanden des Santon überlagert. Die Gehalte an Fe, Ni, Co sind geringer als im liegenden Lager.

Alb-Cenoman-Erzhorizont: Flächenmäßige Verbreitung und Mächtigkeit sind sehr groß. Der Erzhorizont erreicht im umfangreichen östlichen Teil der Samaraisker Depression eine Mächtigkeit von 34 m (Fe-Gehalte 30—40%), im westlichen Teil dagegen beträgt die mittlere Mächtigkeit 5 m (Fe-Gehalte 20—30%). Das Liegende bilden graue bis dunkelgraue Kaolintone. Die zwei hangenden Erzhorizonte sind in großen Seen ab- und umgelagert worden; die Bohnerze selbst entstanden als Konzentrationsausfällung.

Die C_2-Vorräte der Serowsker Lagerstätte werden auf 1 Mrd. t geschätzt; davon sind 85—87% konglomeratische Bohnerze.

Außer der Serowsker Lagerstätte wurden auch in anderen Depressionen der Umgebung Eisenerze gefunden. Das verbreitete Vorkommen von ultrabasischen und basischen Massiven am Osthang des Urals läßt auf weitere Lagerstätten dieses Typs schließen.

Die industriellen Versuche gestatten folgende Schlußfolgerungen:

1. Es ist unmöglich, das Chrom mechanisch vom Eisen zu isolieren;

2. es ist aber möglich, ein reiches Fe-Cr-Konzentrat auf dem Wege über

a) die nasse und trockene magnetische Trennung ohne vorheriges Brennen,
b) das Brennen mit anschließender magnetischer Trennung zu erhalten.

Nach Verfahren a) erhielt man Eisenkonzentrate von 53,8%, nach dem Verfahren b) von 56,4% bei 80%igem Ausbringen des Eisens.

Aus dem mit Flußmittel versetzten Agglomerat gewinnt man ein Gußeisen mit 4% Chrom, 0,04% Schwefel, 0,1% Phosphor, das im Konverter in ein kohlenstoffhaltiges Halbprodukt verblasen wird und dann im Martinofen unmittelbar in tieflegierten Stahl verwandelt wird. Die Konverterschlacke enthält 30—40% Chromoxyd und kann für Hartstähle verwandt werden.

Schließlich können die primären lateritischen Ockererze und der umgelagerte erdige Ocker noch einen Rohstoff für die Gewinnung von Ni und Co abgeben. W. BACH

BOGDANOW, B.

Möglichkeiten für das Auffinden von neuen metasomatischen Blei-Zink-Lagerstätten in dem Gebiet von Madan

„Minno Delo“, Jg. 15 (1960), H. 3/4, S. 3—4

Im Madan-Gebiet treten Blei-Zink-Lagerstätten in drei Formen auf: 1. steileinfallende Erzgänge, 2. schichtförmige Quarz-Sulfid-Lager und 3. Skarnlagerstätten. Die Quarz-Sulfid- und Skarnvorkommen sind an den Stellen gebildet worden, an denen die Erzgänge sich mit den in den metamorphen Schichten befindlichen Marmorschichten schneiden. Die metamorphen Gesteine dieses Gebietes werden in eine obere und eine untere Schichtenfolge eingeteilt, wobei die obere über die untere überschoben worden ist. Sie ist aus verschiedenartigen Gneisen, Amphiboliten und Marmorschichten aufgebaut, während die untere aus granitischen Gneisen und Gneisgranit besteht. Alle bekannten metasomatischen Lagerstätten in diesem Gebiet sind als Verdrängungen in zwei Marmorbänken der oberen Schichtenfolge gebildet worden. Auf Grund von Schürfbohrungen und Erkundungsstrecken ist eine Strukturkarte der oberen Marmorschicht aufgestellt worden, auf der die Isohypsen eingetragen sind. Durch diese Dokumentation konnten die Lagerstätten „Dolna Petrowiza“ und „Kruschew dol“ neu aufgefunden werden. L.

FRIEDRICH, O. M.

Zur Genesis und Mineralogie einiger ostpersischer Blei- und Zinklagerstätten

„Neues Jb. Mineral.“, Bd. 94 (1960), S. 430—468, 13 Abb., 5 geol. Karten

Verf. gibt eine Beschreibung der in den Kalkbergen östlich der großen Salzwüste Kevir in Ostpersien liegenden zahlreichen Blei-Zink-Lagerstätten. In den besonders am Fuße der Kalkberge auftretenden, über große Entfernungen streichenden Bruchzonen drangen örtlich Vulkanite auf, die vor allem die dunklen Kalke schwach kontaktmetamorph umwandelten. Nachfolgende hydrothermale Lösungen stiegen an den großen Bruchlinien empor und veränderten sowohl den blauen Kalk bis Dolomit wie auch den „Netzkalk“ und bildeten diese zum metasomatischen Dolomit (bis Ankerit) um.

An in diesen Störungsbereichen neu entstandenen Bruchflächen drangen vererzende hydrothermale Lösungen auf und bildeten Bleiglanz, Zinkblende, örtlich geringe Mengen Fahlerz, Auripigment, Realgar, Schwerspat, Markasit und Pyrit. Es entstanden absätzige Erzgänge, z. T. auch metasomatische Erzschläuche, -taschen und -nester. Durch Verwitterungsvorgänge konnten sich Kieselzinkerz, Hydrozinkit, Zinkspat, Weißbleierz, Grünbleierz, Wulfenit und Vanadinit-Descloizit bilden. Als Erzspender sind Magmen anzusehen, von denen Teile an diesen Brüchen als Andesite usw. aufgedrungen sind. Diese Vulkanite werden jedoch selbst kaum als „Spender" der Metallgehalte, sondern höchstens als deren „Bringer" betrachtet. Insbesondere dürfte die Dolomitmetasomatose von tieferliegenden Herden ausgegangen und während der Orogenese erfolgt sein.

—Ds—

REBRIK, B. M.

Die Vibrationstechnik in der sowjetischen Bohrpraxis

„Geologicky Pruskum", H. 7, 1960, S. 197—200

Vibratormechanismen haben seit etwa 1946 auch in die sowjetische Bohrpraxis Einzug gehalten. Dabei dienen diese nicht allein der Gesteinszerstörung; z. B. kann das Einlassen und Ziehen von Futterrohren und das Lösen von festsitzendem Gestänge ebenfalls von Vibratormechanismen bewerkstelligt werden.

Verf. beschäftigt sich zunächst mit dem Prinzip und der Wirkungsweise des Vibratormechanismus. Das Prinzip der niederfrequenten, aber mit großer Kraft durchgeführten Schläge auf das zu bearbeitende Gestein durch die Schlagbohrgeräte wird umgekehrt, und man verwendet hochfrequente Schläge mit geringer Kraft. Die Erzeugung der Frequenz und der Kraft können auf verschiedene Weise bewerkstelligt werden: hydraulisch, elektromagnetisch und mechanisch.

Näher erläutert werden nur mechanische Vibratoren, was insofern gerechtfertigt erscheint, als diese die größte Verbreitung gefunden haben. Die Kraftschwingungen werden hierbei durch die Fliehkraft rotierender, exzentrisch bewegter Massen erzeugt. Die Einteilung der mechanischen Vibratoren erfolgt nach verschiedenen Merkmalen, und zwar in solche mit ausgeglichener und nichtausgeglichener Wirkung, in längs-, exzentrisch-, rotierend und kombiniert schwingende, konstruktiv nach Anzahl der Exzenterachsen in Einblock-, Zweiblock- und Mehrblockvibratoren, nach der Art der Befestigung in Flansch- und „zugängliche" Vibratoren.

Weiterhin geht der Autor auf Fragen des Schwingungsausgleichs und die Unterbringung des Antriebs (Motors) ein, wobei er besonders den Nachteil der Anordnung des Vibratormechanismus über Tage hervorhebt.

Besondere Beachtung wird den Vibratoren mit sogenannten Begrenzungseinrichtungen (Vibrohammer) geschenkt. Bei diesem Sonderfall ist die Möglichkeit einer gewissen Regelung des Schlagvorganges gegeben, wodurch von Fall zu Fall optimale Arbeitsbedingungen erreicht werden können.

Sodann erfolgt eine Beschreibung verschiedener Vibratormechanismen sowjetischer Produktion bezüglich ihrer konstruktiven Besonderheiten und ihrer speziellen Eigenschaften:
Vibrator BT 9, Vibrohammer-Hydroprojekt, Vibrator VBL-3,
Vibrator VO-10, Vibrohammer V-95.

Für Bohrungen bis zu 15—25 m Teufe können folgende Vibrogeräte eingesetzt werden:
Vibrogerät UG-GAZ-63, Vibrogerät VBU-EL-1.

Weiterhin werden die mit Vibromechanismen gemachten Erfahrungen angegeben. Das Vibrobohrverfahren wurde mit Erfolg in weichem Gestein angewendet. Bei Baugrunduntersuchungen wurden Teufen von 10—20 m erbohrt. Die erzielten Schichtleistungen betrugen 45—50 m. Weiter wurden in folgenden Gesteinen Bohrungen niedergebracht: alluviale Sande, sandige Tone, Tone, Moränenschichten, Löß, Schottersand usw.

Verf. beschreibt, in welcher Weise das schwingende Bohrverfahren das Gestein beeinflußt. Die durchgeführten Untersuchungen ergaben für Vibratormechanismen mit Begrenzungseinrichtungen einen besseren Bohrfortschritt infolge günstigerer Eindringeigenschaften.

Als Bohrgestänge werden dünnwandige Rohre mit länglichen Ausschnitten verwendet. Das Bohrwerkzeug ist so beschaffen, daß sogenanntes „Freischneiden" am Außen- und Innendurchmesser erwirkt wird. Dadurch wird die Reibung zwischen Gebirge und den Rohren gesenkt. Gute Ergebnisse wurden beim Ziehen von Futterrohrtouren mit Hilfe von Vibratormechanismen erzielt.

Havarien infolge festsitzenden Gestänges können ebenfalls durch Vibratormechanismen vielfach mit gutem Erfolg beseitigt werden, indem an das festsitzende Gestänge ein Vibrator fest angeschraubt wird. Durch die Vibration löst sich das Gestänge nach kurzer Zeit. Allerdings reicht die über Tage aufgebrachte Schwingungsenergie bisher nur bis maximal 400 m Teufe.

Zur Zeit laufen Untersuchungen, auch hartes Gestein mit Vibratormechanismen zu bohren. Die Vibration wird hierbei einer Rotation überlagert.

JOKSCH

THOMEER, J. H. M. A.

Ursachen und bohrtechnische Auswirkungen von abnorm hohen Lagerstättendrücken mit besonderer Berücksichtigung des norddeutschen Zechsteins

„Erdöl und Kohle, Erdgas, Petrochemie", Jg. 14 (1961), Nr. 5, S. 335—336

Am Beispiel der norddeutschen Bohrungen Cismar 1, 2, 3 zeigt Verf., daß der Druck in den Dolomiten des Zechsteins über dem hydrostatischen liegen und fast den petrostatischen erreichen kann. Nach THOMEER sind alle Versuche, Gesteine zu durchbohren, in denen fast petrostatische Drücke herrschen, bisher ausnahmslos mißlungen.

Cismar 1 erreichte den Plattendolomit mit einer Spüllösung von 1,93 spezifisches Gewicht. „Von diesem Punkt an drohte die Sonde fortwährend zu eruptieren, und nach zahlreichen Versuchen, sie unter Kontrolle zu bringen, wobei das spezifische Gewicht der Spülung bis auf 2,20 erhöht wurde, mußte die Sonde aufgegeben werden." Man nahm an, daß der Lagerstättendruck im Plattendolomit zwischen dem 2,06- bis 2,34fachen des hydrostatischen Druckwerts liegen muß. Wahrscheinlich war der Dolomit gasführend.

Cismar 2 mußte in 2779 m Teufe (279 m unter der Zechsteinoberfläche) eingestellt werden. Die Dickspülung hatte ein spezifisches Gewicht von 1,65. Cismar 3 erreichte den Plattendolomit in einer Teufe von 3173 m, wobei der Druck auf das 1,95fache des hydrostatischen Wertes geschätzt wurde. Bei 3220 m Teufe erreichte der Druck wenigstens das 2,07fache des hydrostatischen. Bei 4493 m Teufe wurde die Bohrung eingestellt. Dort erhielt das wenig permeable Gestein Flüssigkeiten oder Gase unter einem Druck, der mindestens dem 2,26fachen des hydrostatischen Druckes, d. h. einem fast petrostatischen Wert, entsprach. Versuche, die Sonde mit einer schweren Spülung zu bewältigen, scheiterten, da bei einem spezifischen Gewicht von 2,28 bis 2,30 Spülungsverluste auftraten.

E.

CIPA, W.

Grundlagen für die Planung hydraulischer Bohrlochbehandlungen

„Erdöl-Zeitschrift", Wien—Hamburg, Jg. 76 (1960), H. 5, S. 151—162

Es werden die Berechnungsunterlagen für die Verfahren der hydraulischen Rißbildung (Hydrofrac) dargelegt. Die Berechnung der Brechdrücke ist wegen der zahlreichen unbekannten Parameter nicht möglich; es wird empfohlen, den Überlagerungsdruck als Grundlage der Berechnung zu verwenden. Auf Grund der Fließgesetze der Behandlungsmedien wird der resultierende Druckaufbau in der Schicht errechnet, aus dem man dann die Reichweite der Rißbildung abschätzen kann. Anschließend werden die Eigenschaften des Sandes und seine Konzentration in der Trägerflüssigkeit, die technischen Ausrüstungen, die Verfolgung der Frac-Flüssigkeiten mit radioaktiven Tracern sowie die Anwendungsmöglichkeit der Verfahren und ihre Wirtschaftlichkeit erörtert.

M.

BRINCH HANSEN, J. & H. LUNDGREN

Hauptprobleme der Bodenmechanik

Springer-Verlag, Berlin/Göttingen/Heidelberg 1960. — 282 S., 150 Abb., 36,— DM

Die beiden bekannten dänischen Wissenschaftler haben dieses Lehrbuch für die Studierenden der Bauwissenschaft und für die praktischen Tiefbauingenieure geschrieben, wobei besonders der jetzige Stand der Bodenmechanik in den skandinavischen Ländern dargestellt wird. Im ersten Kapitel werden zunächst die „Grundbegriffe" der Bodenmechanik beschrieben; hierbei stimmt die Nomenklatur allerdings nicht immer mit der bei uns gebräuchlichen überein. Bei der Behandlung der Thixotropie und Sensibilität von Ton-Wasser-Gemischen wird von kolloidaler Chemie gesprochen, was vielleicht auch ein Druckfehler sein könnte. Im zweiten Kapitel „Bodenuntersuchungen" kommen die Feldversuche vielleicht etwas zu kurz zur Darstellung, auf Drucksondierungen, geophysikalische und radiometrische Verfahren wird nicht eingegangen. Bei den Laboratoriumsuntersuchungen werden vornehmlich Durchlässigkeits-, Druck- und Scherversuche behandelt. Wichtig erscheint hier der Hinweis auf recht frühzeitige bodenmechanische Untersuchung des Baugeländes unter Berücksichtigung des geologischen Aufbaus. In einem weiteren Kapitel werden ,,Strömungsprobleme" behandelt, wie Strömungsnetze, Strömungsdruck, Grundwasserabsenkung und Porenwasserdruck. Im vierten Kapitel besprechen die Verf. unter ,,Formänderungsprobleme" vor allem die Druckverteilung unter verschieden ausgebildeten Fundamenten sowie Setzungserscheinungen bei rolligen und bindigen Erdarten. Einen relativ breiten Raum nimmt das letzte Kapitel ,,Bruchprobleme" ein. Es werden hier Fragen der allgemeinen Bruchtheorie, des Erddrucks und Erdwiderstandes, der Tragfähigkeit von Flachgründungen und Pfählen sowie Standsicherheitsprobleme dargestellt und, aufbauend auf der rationellen Plastizitätstheorie, u. a. neue spezielle Berechnungsmethoden behandelt.

Vor allem für die reinen Bodenmechaniker wie auch für die Fachkollegen des Ingenieurbaus wird dieses neuere Lehrbuch über bodenmechanische Probleme, fußend auf Feld- und Laborversuchen bis zur Auswertung von bestimmten Bauvorhaben durch den Bauingenieur oder Projektanten, wertvolle Hinweise geben können. Es zeigt sich zwar eine weitgehende Übereinstimmung mit den üblichen bekannten Methoden und vorhandenen Lehrbüchern; gewisse neuere Momente der Behandlung und Auswertung bodenmechanischer Probleme könnten vielleicht auch z. Z. bei uns geltende Richtlinien und Vorschriften auf dem Gebiet der Baugrunduntersuchung und der Auswertung der Versuchsergebnisse beeinflussen und zu gewissen Veränderungen Anregung geben. R. KÖHLER

BIESKE, E.

Handbuch des Brunnenbaus

Bd. I: XVI, 448 S., 392 Abb., 1956; 56,— DM. Bd. III: XVI, 336 S., 246 Abb. 1958; 48,— DM. — Verlag Rudolf Schmidt, Berlin-Conradshöhe.

Bisher sind Bd. I, unterteilt in Grundwasserkunde, Geräte, Baustoffe, und Bd. III, unterteilt in Pumpen und Wasserreiniger, erschienen.

In dem 448 Seiten umfassenden ersten Band liegt der Schwerpunkt selbstverständlich im Hauptabschnitt ,,Geräte". Auf 318 Seiten erhält der Leser einen gründlichen Einblick in das Gebiet des Bohrwesens für Wassererschließungszwecke im weiteren Sinne unter besonderer Berücksichtigung der neuesten technischen Erkenntnisse. Der beigefügte Firmennachweis bildet eine wertvolle Ergänzung.

Während der Brunnenbauer im Hauptabschnitt ,,Grundwasserkunde" (bearbeitet von E. BECKSMANN) einführend mit den wichtigsten Problemen auf diesem Gebiete vertraut gemacht wird, beschränkt sich der Hauptabschnitt ,,Baustoffe" (bearbeitet von R. KOCH) auf die allgemein üblichen Baustoffe; Brunnenfilter u. ä. Materialien werden nicht genannt.

Der im dritten Band enthaltene Hauptabschnitt ,,Pumpen" (bearbeitet von H. HATZFELD) ist überaus wertvoll, und zwar nicht nur für den Brunnenbauer, sondern für alle, die mit Wasserhebung oder -förderung zu tun haben. Am Schluß dieses Hauptabschnitts wird in besonderen Abschnitten auf Rohrleitungen und elektrische Antriebe eingegangen.

Der Hauptabschnitt ,,Wasserreiniger" (bearbeitet von R. KROKE) des Bandes III stellt eine für Brunnenbauer ausgerichtete, sehr gute Einführung dar. ZIESCHANG

FURON, R.

Les Ressources Minérales de l'Afrique

Verlag Payot, Paris 1961. — 2. Aufl., 288 S., 34 Karten und Diagramme; 29,— NF

Die stark erweiterte und auf einen modernen Stand gebrachte zweite Ausgabe (erste Ausgabe 1944) des Buches von R. FURON über die mineralischen Rohstoffe Afrikas, ihre regionale Verbreitung und ihre Vorräte gibt eine gute Übersicht und ist ein vorzügliches Nachschlagewerk. Die im letzten Jahrzehnt gemachten großen Entdeckungen, z. B. die Entdeckung des Erdöls und des Erdgases der Sahara, der Eisenerzvorkommen von Mauretanien, der Manganerze in Gabon, der Uranerzvorräte Südafrikas, sowie zahlreiche Betriebsaufnahmen und -erweiterungen werden beschrieben. Im ersten Teil des Werkes werden die Vorräte an mineralischen Rohstoffen in alphabetischer Reihenfolge nach den einzelnen Rohstoffarten mit Angaben über Entdeckung, Erkundungsstand und Bewertung im Weltmaßstab besprochen. Statistische Auswertungen geben einen Vergleich zwischen der Produktionshöhe in den Jahren 1938 und 1958. Der zweite Teil behandelt nach regionalen Gesichtspunkten Lagerstätten und Bergbauproduktion der einzelnen Länder in alphabetischer Reihenfolge. Die alphabetische Einteilung einmal nach Rohstoffen und dann nach Ländern macht das Buch von FURON besonders wertvoll für schnelle Informationen. Außerdem gibt es eine gedrängte und vorzügliche Zusammenfassung, die für Vorlesungen und Vorträge gut auswertbar ist. e

SAGER, G.

Ebbe und Flut

VEB Hermann Haack, Geographisch-Kartographische Anstalt Gotha 1959. — 251 S., 133 Abb., 19 Tab.

Das aus einer Vortragsreihe des Verf. am Institut für Meereskunde in Warnemünde hervorgegangene Buch erfüllt die von Kreisen unserer Schiffahrt häufig gestellte Forderung nach einer gemeinverständlichen, aber dennoch exakten Erklärung der Gezeitenphänomene. SAGER hat daher die theoretische Problematik der ursächlichen Zusammenhänge, die er in einem für Seefahrtsschulen geschriebenen Fachbuch (Gezeiten und Schiffahrt, Referat ,,Z. angew. Geol.", H. 7, S. 356, 1960) ausführlicher behandelte, ziemlich kurz gehalten, aber durch anschauliche zeichnerische Darstellungen das Wesentlichste fast ohne Formeln doch verständlich gemacht. Hinsichtlich der sehr komplizierten Gezeitenrechenmaschinen kann er auch auf sein 1956 erschienenes Buch über Gezeitenvoraussagen verweisen. Das vorliegende Buch stellt besonders ausführlich das Historische heraus, den jahrtausendelangen Kampf der Nordseeküstenbewohner mit der zerstörenden Gewalt der Flutkräfte und die dabei von Natur und Mensch herbeigeführte Umgestaltung des Landschaftsbildes. Auch die wasserbaulichen Anlagen und die künftigen Möglichkeiten wasserbaulicher Technik werden eingehend erörtert. Mit seiner lebendigen und anschaulichen Darstellung, die durch viele Abbildungen und graphische Erläuterungen unterstützt wird, dürfte das Buch in breiten, für die Meereskunde interessierten Kreisen viele Leser finden. HAVEMANN

Neuerscheinungen und Literaturhinweise

Geochemisches Symposium beim fünften Erdöl-Weltkongreß
Gostoptechisdat, 1961. — 116 S.

ALIMOW, S. P. u. a.
Intensivierung der Erdölgewinnung
Gostoptechisdat, 1961. — 80 S.

ALBOW, M. N.
Probeentnahme bei Erzlagerstätten
Gosgortechisdat, 1961. — 240 S.

KALININ, S. K. & E. F. FAIN
Spektralanalyse der mineralischen Rohstoffe
Isd. AN Kas. SSR, 1961. — 80 S.

Chemische, physikochemische und Spektralmethoden zur Untersuchung seltener Erze und disperser Elemente
Gosgeoltechisdat, 1961. — 192 S.

LITWINOWITSCH, A. N.
Methodische Anleitung zur Untersuchung seltener Spurenelemente in polymetallischen Erzen
Isd. AN Kas. SSR, 1961. — 64 S.

BAKULIN, W. G.
Geologische Erkundungsbohrungen
Gostoptechisdat, 1961. — 96 S.

Theorie des Gesteinsdruckes und Berechnungsmethode für Verrohrung von Bohrlöchern
Gostoptechisdat, 1961. — 176 S.

KORTUNOW, A. K.
Technische Fortschritte beim Bau von Gasfernleitungen in der Sowjetunion
Gas- u. Wasserfach, Jg. 101 (1960), Nr. 47, S. 1205—1210

Nachrichten und Informationen

Bergbauliche Weltproduktion

Den „Statistischen Informationen der Europäischen Gemeinschaften", Luxemburg, Nr. 1, Januar/März 1961, entnehmen wir nach dem „Montan-Archiv", Nr. 43 vom 2. 6. 1961, folgende Angaben:

Bergbauliche Weltproduktion von 1956—1959 (1953 = 100)

Jahr	Bergbauliche Weltproduktion	Erze Insges.	Erze NE	Erze Eisen	Energie Insges.	Energie Erdöl und Erdgas	Energie Stein- und Braunkohle
1938	60	48	—	—	—	41	81
1956	119	116	117	115	120	124	115
1957	125	124	124	125	125	131	119
1958	126	115	116	113	128	135	121
1959	134	123	124	122	136	143	130

Während desselben Zeitraumes stieg die Produktion für

Erze	um + 23%
Erdöl und Erdgas	„ + 43%
Stein- und Braunkohle	„ + 30%

Verglichen mit 1938 verlief die Steigerung der Produktion wie folgt:

Bergbauliche Produktion insgesamt	+ 123%
Erdöl und Erdgas	+ 249%
Stein- und Braunkohle	+ 63%
Erze	+ 156%

Politische Verteilung der bergbaulichen Weltproduktion (in %)

	Grundstoffe	1956	1957	1958	1959	1953
Kapitalistische Länder	Erze	81	79	75	74	82
	Energie	76,8	75,6	72,7	69,9	80,1
	Bergbaul. Produkt. insges.	77,5	76,3	73	70,7	80,3
Sozialistische Länder	Erze	19	21	25	26	18
	Energie	23,2	24,4	27,3	30,1	19,9
	Bergbaul. Produkt. insges.	22,5	23,7	27	29,3	19,7

Mit Hilfe der nunmehr folgenden Zahlen läßt sich die Entwicklung der beiden großen, einander gegenüberstehenden politischen Blöcke in der Zeit von 1953 bis 1959 deutlich erkennen.

Kapitalistische Länder	Erdöl und Erdgas	+ 34%
	Stein- und Braunkohle	— 3%
	Erze	+ 10%
Sozialistische Länder	Erdöl und Erdgas	+ 134%
	Stein- und Braunkohle	+ 98%
	Erze	+ 74%

Der Anstieg der bergbaulichen Produktion in der Sowjetunion erreichte 88%, der Rückgang in den USA 5%. Sollten diese Tendenzen anhalten, dann läge die bergbauliche Produktion der Sowjetunion 1967 über der Förderung der USA. 1958 hatte die Sowjetunion mit ihrer Erz-, Steinkohlen- und Braunkohlenförderung die USA bereits überflügelt.

Verteilung der bergbaulichen Weltproduktion zwischen USA und UdSSR (%)

	Grundstoffe	1956	1957	1958	1959	1953
USA	Erze	22,1	21,9	17,9	15	25,6
	Energie	36,4	34,8	31	29,3	40,4
	Bergbaul. Produkt. insges.	33,8	32,3	28,8	27	37,6
UdSSR	Erze	17,2	17,4	19,7	20	15,9
	Energie	11,9	14,9	16	16,3	11,2
	Bergbaul. Produkt. insges.	12,9	15,3	16,7	17	12,1

In dieser Untersuchung der bergbaulichen Produktion sind nicht Steine und Erden, wie Kies, Sand, Ton, Kalk und Werksteine, einbegriffen, da es für diese z. Z. keine internationale Statistik im kapitalistischen Bereich gibt.

Wird die gesamte bergbauliche Produktion mit = 100% angenommen, so ergibt sich folgende Verteilung:

NE-Erze	10,2%	Erdöl und Erdgas	45,4%
Eisenerze	6,7%	Stein- und Braunkohle	37,7%
Erze	16,9%	Energie	83,1%

Diese von uns wiedergegebenen statistischen Daten aus den „Informationen der Europäischen Gemeinschaften" entstammen einer kapitalistischen Quelle. Da sie nur das von der Entwicklung des sozialistischen Bergbaus in ihren Zahlen angeben, was sich nicht mehr verheimlichen läßt — also ihnen keinerlei Schönfärbung zugrunde liegt —, sind sie für uns von besonderer Überzeugungskraft, da sie die Überlegenheit der sozialistischen Wirtschaft gegenüber der kapitalistischen eindeutig demonstrieren. E.

Entwicklung der Industrieproduktion der DDR im Jahre 1960

Wie im Bericht der Staatlichen Zentralverwaltung für Statistik beim Ministerrat über die Entwicklung der Volkswirtschaft der DDR im Jahre 1960 zu entnehmen ist, stieg die Industrieproduktion 1960 gegenüber 1959 um 5,5 Mrd. DM. Das entspricht einer Steigerung auf 108,3%.

Die Braunkohlenförderung stieg im Jahre 1960 auf 104,9%, die Brikettproduktion auf 103,7%. Im Kombinat „Schwarze Pumpe" wurde 1960 die erste Baustufe, bestehend aus einem Kraftwerk, einer Brikettfabrik und den zur Aufbereitung der Kohle erforderlichen umfangreichen Anlagen, in Betrieb genommen. Die Briketterzeugung des Kombinates konnte dadurch um 2,10 Mill. jato gesteigert werden.

Die modernste Förderbrücke der DDR mit einer Tageskapazität von rund 80000 m³ Abraum wurde Mitte 1960 im Braunkohlenwerk „Glückauf" in Betrieb genommen.

Im Jahre 1960 wurden in der DDR erstmalig über 40 Mrd. kWh Elektroenergie erzeugt und damit die Energieerzeugung gegenüber 1950 verdoppelt. Der Stand von 1936 wurde um fast das Dreifache überboten.

Zu einem großen Erfolg führte der sozialistische Massenwettbewerb „Mehr Stahl für unsere Republik" unserer Hütten-, Stahl- und Walzwerke. Sie produzierten 64300 t Roheisen und 75200 t Walzstahl mehr, als im Staatsplan vorgesehen.

Nachfolgende Tabelle gibt eine Übersicht über die Entwicklung der Produktion im Vergleich zu 1959.

	Mengeneinheit	Produktion 1960 absolut	Veränderung 1960 gegenüber 1959 in %
Elektroenergie	Mrd. kWh	40,3	108
Rohbraunkohle	Mill. t	225,4	105
Roheisen	1000 t	1994,6	105
Rohstahl	1000 t	3337,0	104
Walzstahl, warmgewalzt	1000 t	2308,3	105
2. Verarbeitungsstufe	1000 t	493,8	110
Schwefelsäure (SO_3)	1000 t	595,9	106
Kalzinierte Soda (Na_2SO_3)	1000 t	593,7	106
Ätznatron (NaOH)	1000 t	327,0	108
Kalziumkarbid	1000 t	922,7	104
Phosphordünger (P_2O_5)	1000 t	165,8	119
Zement	1000 t	5032,1	120

He.

Die Bergwirtschaft Polens im dritten Fünfjahrplan

Der am 1. Januar 1961 in Kraft getretene dritte Fünfjahrplan der Volksrepublik Polen stellt die Bergwirtschaft vor große Aufgaben. Folgende Tabelle zeigt die Planziele bis 1965 im Vergleich zur Erfüllung des Staatsplanes für das Jahr 1960:

	1960	1965
Steinkohle, Mill. t	103	113
Braunkohle, Mill. t	9	27
Elektrische Energie, Mrd. kWh	28,8	45
Rohstahl, Mill. t	6,4	9
Zink, 1000 t	170	230
Blei, 1000 t	40	52
Elektrolyt-Kupfer, 1000 t	15,8	35
Aluminium, 1000 t	23	75
Schwefel, 1000 t	40,8	410

He.

Die Montanindustrie Rumäniens

Nach Angaben der Zentraldirektion für Statistik in Bukarest entwickelte sich die Montanindustrie der Volksrepublik Rumänien im Jahre 1960 gegenüber dem Vorjahr wie folgt:

	Mengeneinheit	Menge	gegenüber 1959 in %
Roheisen	1000 t	1014	+ 20
Rohstahl	1000 t	1806	+ 27
Walzerzeugnisse	1000 t	1255	+ 53
Kohle	1000 t	8163	+ 2
Hochofenkoks	1000 t	820	+ 35
Erdgas	Mill. cbm	6519	+ 13
Elektrizitätserzeugung	Mill. cbm	7626	+ 12
Benzin	1000 t	2792	+ 4
Hüttenausrüstungen	1000 t	24,6	+ 27
Bohranlagen	Stück	81	+ 13

Aus dem Bericht geht weiter hervor, daß der Bruttoproduktionsplan insgesamt mit 103,5%, der Warenproduktionsplan mit 103% erfüllt wurde. Zur weiteren schnellen Erhöhung der Stahlproduktion des Landes ist die Errichtung neuer Aggregate mit hoher Kapazität, hoher Produktivität und Wirtschaftlichkeit für die Hüttenindustrie vorgesehen. So wird z. B. auch die Siemens-Martin-Abteilung des Eisenhüttenkombinats Hunedoara um drei Siemens-Martin-Öfen mit einer Ausbringung von 400 t/Charge erweitert. Jeder dieser Öfen wird jährlich fast die gleiche Stahlmenge ausbringen, wie Rumänien in den Jahren 1942/1943 insgesamt produzierte.

He.

Aufbau einer Schwerindustrie in der VAR (Syrien)

Für den zweiten Fünfjahrplan hat das Industrieministerium für den syrischen Teil der VAR achtzehn Projekte zum Aufbau einer Schwerindustrie des Landes ausgearbeitet. Für die Realisierung dieses Vorhabens wurden zunächst 30 Mill. syr. Pfd. bereitgestellt, davon 16 Mill. syr. Pfd. für die Erschließung von Eisenerzvorkommen und den Bau kleinerer Eisenhüttenwerke. Nach Angaben des Industrieministers wurden bereits 100 Mill. t Eisenerzvorräte nachgewiesen. In den Gebieten von Palmyra, Hassakeh und Deir ez Zur soll auch in nächster Zeit mit dem Abbau von Phosphaten und anderen Mineralsalzen begonnen werden. He.

Steigende Produktion mineralischer Rohstoffe in Südafrika

Das an Bodenschätzen reiche Südafrika hat seit dem Kriege durch die Intensivierung der Prospektion und Erschließung neuer Lagerstätten seine Produktion von mineralischen Rohstoffen erheblich gesteigert und ist einer der bedeutendsten Exporteure geworden. Transvaal mit seinen Vorkommen von Gold, Platin, Uran, Chrom-, Antimon-, Kupfer- und Eisenerzen sowie Kohle ist das bergbauliche Hauptgebiet. 1959 wurden aus 70,5 Mill. t Golderzen 624 t Gold gewonnen. Die sieben Gruben des Klerksdorpreviers enthalten nach den neuesten Ermittlungen allein 500 Mill. t Golderze, das Grubenfeld Western Deep Levels 200 Mill. t. Die in den Gold-Uran-Lagern enthaltenen Uranerze wurden 1960 auf der Atomenergietagung in Buenos Aires mit 370000 t U_3O_8, die 310000 t metallischem Uran entsprechen, angegeben. Die zum Bushveld-Pluton gehörenden Chromitlagerstätten von Transvaal sind die größten der Erde; sie liefern rd. 40% der Weltproduktion. Aus den Manganerzlagerstätten im nördlichen Kapland wurden an 40- bis 45%igem Erz 1955 noch 650000 t, 1959 bereits über 1 Mill. t. produziert. Die Förderung von Diamanten, die sich auf Südwestafrika, Basutoland und die Union verteilt, hatte 1958 einen Gesamtwert von über 32 Mill. £. Die Eisenerzproduktion erreichte 1960 3 Mill. t, die Stahlproduktion (1959 1,7 Mill. t) soll auf 2,5 Mill. t ausgebaut werden. An Kupfer wurden 1959 55000 t gewonnen, davon zwei Drittel aus den magmatischen Erzen in den ultrabasischen Gesteinen von Ookiep im Mamaqualand. An Cu-Pb-Zn-Konzentraten werden 230000 jato, an Antimonerzen 22000 jato produziert. Ferner konnten 1959 170 t Beryll, 5200 t Lithiumerz und 2610 t Tantalit-Columbit gefördert werden. Die Asbestlagerstätten in Nordkapland lieferten 1959 170000 t Chrysotil, Krokydolith und Amosit. Titanerze kommen in Osttransvaal als vanadiumhaltige Titanomagnetite und in Natal als Ilmenitsande vor.

Ha.

Erdöl-Erdgas

Die Erdölvorräte der Erde

Nach einer von ,,Oil and Gas Journal" veröffentlichten Schätzung betrugen die Erdölreserven der Erde Ende 1960 etwa 40 Mrd. t. Das sind 1,1 Mrd. t oder rund 3% mehr, als Ende 1959 geschätzt wurden. Die in der nachfolgenden Tabelle enthaltenen Angaben über China und die UdSSR sind ohne Zweifel zu niedrig.

Die Weltreserven Ende 1960 in Mrd. t

		%-Anteil
Amerika	8820	21,6
Naher Osten	24660	60,2
Übriges Asien	1520	3,7
Afrika	1160	2,8
Westeuropa	245	0,6
Sowjetunion und Osteuropa	4535	11,1
	40940	100,0

Ha.

Rohölförderung in Westdeutschland

Eine Vorausschätzung des westdeutschen ,,Wirtschaftsverbandes Erdölgewinnung" beziffert die in Westdeutschland in den nächsten fünf Jahren zu erwartende Förderung in t wie folgt:

	1961	1962	1963	1965
Holstein-Hamburg	575500	623200	646400	573400
Emsland	1580840	1576800	1562750	1461700
Weser-Ems	1690750	1693510	1611880	1468760
Hannover	2040920	1959640	1834510	1561290
Oberrheintal	215300	192500	169800	138200
Alpenvorland	151400	158500	138600	105750
	6254710	6204150	5963940	5309100
aus Neuaufschlüssen	100000	300000	750000	1700000
Gesamtförderung	6354710	6504150	6713940	7009100

Ha.

Erdöl im Burgenland

Im Burgenland, dem östlichen Bundesland Österreichs an der ungarischen und jugoslawischen Grenze, soll nunmehr ebenfalls die Gewinnung von Erdöl vorbereitet werden. Untersuchungen der Geologischen Bundesanstalt ergaben, daß der sog. Heideboden um den Neusiedersee, das Eisenstädter Becken und Teile des mittleren und südlichen Burgenlandes erdölhöffig sind. Bekanntlich wird in den an das Burgenland angrenzenden Gebieten der Volksrepublik Ungarn und Jugoslawien schon seit langem Erdöl gefördert.

He.

Erdöl in Alaska

Fast die Hälfte des Territoriums von Alaska ist erdölhöffig. Dazu kommen noch vom Flachmeer bedeckte Schelfgebiete. Als besonders aussichtsreich gilt das Cook-Inlet-Gebiet, das die Iniskin-Halbinsel, die Kenai-Halbinsel, das Susitnatal und das Copper-River-Becken einschließt. Dieses Gebiet ist größer als die gesamte ölführende Region an der amerikanischen Golfküste. Am Swanson-River wurden kürzlich von neun Erkundungsbohrungen sieben fündig, davon eine mit einer Tagesproduktion von 250 t. Insgesamt geben 28 fündige Bohrungen etwa 750 tato aus. Mit der baldigen Aufnahme des Rohölexports über den Hafen Nikiski ist zu rechnen. Die Vorräte der bisher näher untersuchten Erdgaslagerstätten sind beträchtlich. E.

Tiefe Erdölbohrung in Ostpakistan

Mit einer Teufe von 4575 m wurde von der Pakistan Shell Oil Company im Gebiet von Sylhet nördlich von Chittagong die bisher tiefste Bohrung in Ostpakistan niedergebracht. Bereits im November 1960 wurde in diesem Gebiet in 3850 m Teufe Erdgas entdeckt. Das war nach fünfjähriger intensiver Sucharbeit der erste Erfolg dieser Gesellschaft, die bisher ca. 100 Mill. Mark in die Öl- und Gassuche in Ostpakistan investierte. He.

Öl und Gas in Indonesien

Die Erdölreserven Indonesiens, die die größten des Fernen Ostens und die Hauptdevisenquelle des Landes sind, werden auf 2,5 Mrd. barrels oder auf etwa 2,6% der Weltreserven geschätzt. Die Felder bei Palembang in Südsumatra lieferten bisher die Hauptproduktion. Sie werden jedoch nunmehr durch ein Gebiet in Zentralsumatra übertroffen, wo in den letzten Jahren neue Funde gemacht wurden. Auch in Samarinda und Tandjung im Südosten Indonesiens und auf den Inseln Tarakan und Bunju bei Nordborneo liegen reiche Ölfelder. Die Gesamtproduktion erreichte 1958 mit 16,1 Mill. t Rohöl das Doppelte der Vorkriegsproduktion. Ebenso ist die Erdgasproduktion ständig gestiegen. Einen Überblick über die wachsende Produktion von Öl und Gas gibt „Montan-Archiv", Nr. 27, 1961, mit folgenden Zahlen:

Jahr	Rohöl (Mill. t)	Erdgas (m^3)
1939	7,9	1,2
1953	10,2	1,7
1954	10,4	2,0
1955	11,7	2,4
1956	12,7	2,6
1957	15,4	2,8
1958	16,1	keine Angaben

He.

Kohle

25 Mill. t jährliche Kohlenförderung aus einem Tagebau

Der Tagebau in Irscha-Borodinsk in Ostsibirien soll jetzt mit neuzeitlichen Maschinen und Geräten ausgerüstet werden. Dadurch soll der Tagebau jährlich 25 Mill. t fördern. Eine derartig hohe Förderleistung gibt es weder in den USA noch in Europa. Im Jahre 1913 wurden in allen Kohlengruben des damaligen zaristischen Rußlands insgesamt nur 29 Mill. t gefördert. E. Siegmund

Briketts aus Tiefschwelkoks

Ein neues Verfahren der Verkokung von Magerkohle (Wirbelschichtverfahren) zu einem Tiefschwelkoks, der dann zu Briketts für Hochöfen verarbeitet werden kann, wurde in dem rumänischen Hüttenwerk Kalan entwickelt. Die Magerkohle des Jin-Tals (Schil-Tals) wird dort bereits in sechs Öfen nach diesem Verfahren verarbeitet. Drei weitere Öfen sowie eine Anlage für die Brikettherstellung aus diesem Tiefschwelkoks sind im Bau. Durch das neue Verfahren ist es nicht mehr nötig, daß der Schwelkoks von Kalan in Hunedoara, wohin er bisher geschafft werden mußte, zusammen mit hochwertiger Kohle zu Hüttenbriketts verarbeitet wird. Ha.

Ausbau der Braunkohlenförderung des mittelsibirischen Braunkohlenbeckens von Kansk-Atschinsk

Das Braunkohlenbecken von Kansk-Atschinsk im südwestlichen Teil der zentralsibirischen Ebene soll nach den jetzt vorliegenden Plänen im Laufe der kommenden 20 Jahre zum bedeutendsten sowjetischen Braunkohlengebiet ausgebaut werden. 1980 sollen hier ungefähr 230 Mill. t Braunkohle gefördert werden. Das entspricht etwa dem Eineinhalbfachen der gegenwärtigen Braunkohlenförderung der gesamten Sowjetunion.

Die Flöze erreichen eine Mächtigkeit bis zu 50 m. Die Vorräte werden auf 157 Mrd. t geschätzt. Die Kohle ist fast ungestört abgelagert, schwefelarm, hat einen geringen Aschengehalt und einen Heizwert von 3500 kcal/kg. Im Jahre 1940 wurde in diesem Gebiet, das unmittelbar an der Transsibirischen Eisenbahn liegt, mit der Förderung begonnen und 1949 ein weiterer Tagebau in Betrieb genommen.

E. Siegmund

Radioaktive Erze

Urangewinnung in den Hochanden

Der peruanische Ausschuß für Atomenergie wird mit westdeutscher Hilfe das Uranvorkommen von Vilcabamba in den Hochanden erforschen und mit der Förderung der abbauwürdigen Uranmengen beginnen. Ein Zufahrtsweg in das Gebiet des Vorkommens wurde bereits angelegt. Peru stellt ferner erfahrene Arbeitskräfte aus dem Bergbau der Anden sowie Hubschrauber zur Verfügung, Westdeutschland Wissenschaftler und Ingenieure und ein fahrbares Labor. Das 1960 abgelaufene Uranabkommen USA—Peru wurde nicht erneuert. Ha.

Radioaktive Minerale in Mexiko

Das Vorkommen an radioaktiven Mineralen in Mexiko wurde 1960 auf 321000 t geschätzt. Nach dieser Schätzung, die sich nur auf fünf Prozent des Landes bezieht, ist anzunehmen, daß in Mexiko noch weit größere unentdeckte Vorkommen vorhanden sind. 1960 wurden 7000 t radioaktives Material abgebaut und zu Natronuranat und Uraniltitrat konzentriert. Ende 1961 soll eine Aufbereitungsanlage für radioaktive Mineralien mit einer Tageskapazität von 25 bis 30 t in Betrieb genommen werden. Ha.

Eisenerze

Entwicklung der ungarischen Eisen- und Stahlproduktion

Die Eisen- und Stahlproduktion der Volksrepublik Ungarn zeigte in den letzten Jahren einen stetigen Anstieg:

(in 1000 t)

Jahr	Roheisen	Rohstahl	Walzstahl
1938	335	647	—
1949	411	860	472
1955	868	1629	883
1956	755	1415	792
1957	823	1375	893
1958	1100	1600	

Entscheidenden Anteil an der Produktionssteigerung haben das Stahlwerk Sztálinváros und das Lenin-Eisen- und Stahlwerk in Diosgyör.

Während des Fünfjahrplans von 1961 bis 1965 sollen die Roheisenproduktion von 1,1 Mill. t im Jahre 1958 auf 1,6 Mill. t 1965 und die Rohstahlproduktion von 1,6 Mill. t auf 2,4 Mill. t erhöht werden. He.

Eisenerze für Jahrhunderte

Die norwegischen Eisenerzvorkommen im Gebiet der A/S Sydvaranger bei Kirkenes an der sowjetischen Grenze werden auf 1000 Mill. t geschätzt. Die Reserven würden bei 1 Mill. t Roheisenproduktion jährlich für mehrere Jahrhunderte ausreichen. Über die Eisenerzvorkommen im Dunderlandtal in Nordland liegt keine genaue Schätzung vor, sie sind aber, wie „Das Parlament" vom 11. 1. 1961 mitteilt, groß genug, um den Bedarf der kürzlich gegründeten norwegischen Stahlwerke Norsk Jernverk A/S für kommende Generationen decken zu können. Der Fe-Gehalt der norwegischen Eisenerze liegt bei 35%, der Gehalt an Phosphor und Schwefel ist verhältnismäßig niedrig. Das Erz von Kirkenes und Tröndelag enthält Magneteisenstein, das vom Dunderlandtal Magneteisenstein und Hämatit. He.

Einschränkung der Uranproduktion in der Südafrikanischen Union

Das Überangebot an Uran in der kapitalistischen Welt hat das zuständige Ministerium der Südafrikanischen Union veranlaßt, den für die Jahre 1961 bis 1966 geplanten jährlichen Export von 4725 t Uranoxyd auf 3733 t herabzusetzen. Diese Einschränkung entspricht einer Produktionsverringerung von nahezu 21% und wird zu einem empfindlichen Devisenausfall für das Land führen. He.

Erweiterungsprogramm der Eisen- und Stahlindustrie Norwegens

Ein Plan zu umfangreichen Erweiterungen in der Produktionskapazität der norwegischen Eisen- und Stahlindustrie wurde vom Kabinett genehmigt und soll in Kürze vom Parlament behandelt werden. Der Investitionsaufwand für dieses Vorhaben beträgt ca. 420 Mill. norwegische Kronen.

Rund 200 Mill. norwegische Kronen sollen davon für die Erschließung der staatlichen Eisenerzvorkommen im norwegischen Dunderlanddal und für die Errichtung einer Konzentrationsanlage verwandt werden. Die Förderung in diesem Gebiet soll 1965 mit einer anfänglichen Jahresproduktion von 750000 t Konzentraten beginnen. Später ist eine Erweiterung der Produktion auf 1 Mill. t jährlich vorgesehen. Die gesamte Förderung der ersten Baustufe von 750000 t übernehmen die in der Nähe gelegenen Stahlwerke A/S Norsk Jernverk. Der zweite Teil des Erweiterungsprogramms sieht die Errichtung von zwei neuen Hochöfen in den Jernverks-Anlagen vor. Gleichzeitig damit wird die jährliche Roheisenkapazität auf ca. 700000 t, die Rohstahlkapazität auf ca. 600000 t und die gegenwärtig 120000 t betragende Walzwerkskapazität auf 240000 t erhöht. He.

Sonstiges

Neues Blei-Zink-Bergwerk in Jugoslawien eröffnet

In Gracanica wurde Anfang 1961 das neue Blei-Zink-Bergwerk Kisnica eröffnet. Bisher wurden für die Erschließung des Werkes, das sich in der ersten Phase des Ausbaus befindet, über 1,5 Mrd. Dinar investiert. In dieser Phase wird das Bergwerk jährlich 150000 t Blei-Zink-Erze liefern. Da im weiteren Aufbau bis zum Jahre 1965 auch die metallärmeren Erze gefördert werden sollen, wird sich die Ausbeute auf 300000 t Erze jährlich erhöhen. Die Flotationsanlage wird der wachsenden Kapazität entsprechend erweitert werden. Entsprechend dem ausgearbeiteten Projekt wird Kisnica 6100 t raffiniertes Blei, 10,5 t Silber und 27000 t Pyritkonzentrat pro Jahr liefern. Das Bergwerk wird durch seinen hohen Stand der Mechanisierung und die Anwendung neuer Arbeitsmethoden zu einem der modernsten Bergbaubetriebe Jugoslawiens werden. He.

Steigende Bauxitförderung Jugoslawiens

Die Bauxitförderung Jugoslawiens konnte gegenüber 1959 im Jahre 1960 um 210000 t auf 1025000 t gesteigert werden. 1960 wurden davon 821969 t ausgeführt (im Vorjahr 601519 t). In jüngster Zeit sind in verschiedenen Teilen Jugoslawiens neue Bauxitvorkommen entdeckt worden, die gegenwärtig eingehend auf ihre Abbauwürdigkeit hin untersucht werden. He.

Jordanische Phosphate

Die Vorräte der Phosphatlagerstätten Jordaniens sind bedeutend. Die Förderung an Rohphosphat liegt bei 250000 t, könnte aber leicht auf 1 Mill. t erhöht werden. Japan importiert jährlich 125000 t jordanische Phosphate, Indien will in Zukunft über 500000 t abnehmen. Die Gewinnung soll daher möglichst bald auf 1 Mill. t gesteigert werden. E.

Kali in Israel

Die israelischen Dead Sea Works wollen ihre Kaliproduktion um jährlich 40000 t K_2O erhöhen. Die Produktion stieg von 46000 t 1956 auf 107000 t 1959 an. Die prognostischen Vorräte des Toten Meeres werden auf

2000 Mill. t KCL
11000 Mill. t NaCl
6000 Mill. t $CaCl_2$
22000 Mill. t $MgCl_2$
1000 Mill. t $MgBr_2$ geschätzt.

—ul—

Vereinigtes Turbinen-Rotary-Bohren

Im Erdölgebiet von Baku wurde beim Bohren auf der Erdöllagerstätte Syrja der Bohrmeißel durch eine Bohrturbine und außerdem das 11″-Bohrgestänge mit 50 bis 60 U/min angetrieben. Dadurch wurde die Bohrgeschwindigkeit verdoppelt und der Verschleiß des Bohrmeißels um etwa 50% gesenkt, so daß in 81 Std. die gleiche Bohrleistung wie sonst in 130 bis 150 Std. erzielt werden konnte. Dieses Verfahren wurde auch bei anderen Bohrungen erfolgreich angewandt. E. SIEGMUND

Kurznachrichten

In den **USA** wurden 1960 mit 364 Mrd. m³ 7,8% mehr **Erdgas** gefördert als 1959. Die Reserven wurden Anfang 1961 auf 8 Billionen m³ geschätzt.

In **Japan** wird bis 1970 mit einer Steigerung des **Erdölverbrauchs** auf 104 Mill. t jährlich, das Dreifache des jetzigen Verbrauchs, gerechnet.

Zwei neue **indische Erdölraffinerien**, davon jede mit einer geplanten Jahreskapazität von 2 Mill. t, sollen mit technischer Unterstützung der UdSSR in Barauni und Gujarat gebaut werden. Die Raffinerien werden das auf den Feldern von Amklesvar gewonnene Rohöl verarbeiten.

Die **Steinkohlenförderung** der **Montanunion** wird voraussichtlich im Jahre 1961 erneut um 4,5 Mill. t auf 229,5 Mill. t zurückgehen.

Die **Eisenerzgruben** der westdeutschen **Ilseder Hütte** (Peine) haben ihre Förderung auf 2,85 Mill. t Roherz im Jahre 1960 (2,76 Mill. t 1959) erhöht. Mit diesem neuen Förderrekord betrug im Vorjahr der Anteil der Ilseder Hütte an der Eisenerzförderung Westdeutschlands 15,1%.

Die **Welt**nachfrage nach **Kupfer** erreichte 1960 mit 3,6 Mill. t einen neuen Höchststand für Friedenszeiten.

Nordrhodesiens Kupferproduktion lag mit einer Kupfererzförderung von 634451 t auch im Jahre 1960 an erster Stelle der kapitalistischen Länder.

Bei Letaba (**Südafrika**) wurde ein **Erzvorkommen** entdeckt, das vor allem Kupfererz, aber auch Phosphorit, Magnetit, Eisen und Titan enthält. Es wird mit einer möglichen Förderung von 30000 t Kupfererz täglich gerechnet, die 200 t Kupfer ausgeben würden.

Im **Aachener Revier** wurden 1960 mit 83900 t 8% weniger **Blei-Zink-Konzentrate** gewonnen als 1959.

In Baltimore (**Maryland**) wurde in einem neuen Metallzentrum mit der **Verarbeitung** von **Kolumbiummetall** und -legierungen zu Blechen, Bändern, Streifen, Stäben und Rohren begonnen. Die Anlagen können auch Tantal, Wolfram und Molybdän verarbeiten.

Das u. a. für Transistoren und Fotozellen wichtige Element **Gallium** wird künftig im VEB Chemiewerk Greiz-Döhlau **aus Bauxit** extrahiert werden.

Das staatliche A/S Ardal- und Sunntal-Werk, **Norwegens** größter **Aluminium**produzent, erzeugte 1960 112000 t Aluminium, also 18000 t mehr als 1959. Bis Ende 1961 soll die Kapazität des Werkes auf 150000 t erweitert werden.

In **Kuweit** wird von einer britischen Firma eine **Aluminiumfabrik** mit einer Jahreskapazität von 50000 t errichtet werden. Es ist das größte Projekt dieser Art im Nahen und Mittleren Osten. Als billige Energiequelle soll Erdgas dienen, um die teuren Tonerdeeinfuhren aus Westafrika oder den USA auszugleichen.

In **Spanien** wurde in der Nähe von Pamplona ein **Sylvinit**vorkommen mit einem Gehalt von 21% Reinkali entdeckt. Die Vorräte der Lagerstätte werden auf 60 Mill. t geschätzt. Bereits im Jahre 1963 sollen hier 50000 t Kalidünger gewonnen werden.

Eine neue **Asbestfabrik** mit einer Produktionskapazität von 17000 t pro Jahr wird im Osten **Nigerias** errichtet.

Den **Voltastaudamm** in der Republik **Ghana** wird der italienische Hoch- und Tiefbaukonzern Impresit errichten. Der Bau des Dammes, der vor allem die in Ghana geplante Aluminiumindustrie mit Energie versorgen soll, wird rd. 60 Mill. £ kosten.

In den nächsten Heften der Zeitschrift für angewandte Geologie

erscheinen u. a. folgende Beiträge:

M. KRAFT: Zur erzmikroskopischen Untersuchung von Aufbereitungsprodukten am Beispiel von Blei-Zink-Erzen des Brander Reviers

A. A. AMIRASLANOW, M. B. BORODAJEWSKAJA & M. S. BESSMERTNAJA: Gesetzmäßigkeiten in der Verteilung endogener Lagerstätten

F. STAMMBERGER: Vorschläge zur Verbesserung der bestehenden DDR-Klassifikation

E. WOHLMANN: Schnellverfahren zur Analyse einfacher Silikate

H. HÄHNICHEN & R. POHLENZ: Ingenieurgeologische Kartierungen bei Talsperrengründungen in Felsgesteinen

D. ANDREAS & G. HECHT: Die induzierte Polarisation als Bohrlochmeßverfahren bei der Buntmetallerkundung

J. VRBA: Darstellungsmethoden der hydrochemischen Verhältnisse auf hydrogeologischen Karten

W. JAEGER: Geologisch-geophysikalische Untersuchung des Phonoliths von Hammerunterwiesenthal (Erzgebirge)

S. GROSSE: Die Abbildung des Reliefs der Oberkreide bei geringmächtiger Bedeckung in refraktionsseismischen Meßergebnissen

R. LANGBEIN & G. SEIDEL: Zur Ausbildung des Mittleren Buntsandsteins in Westthüringen

Herausgeber: Staatliche Geologische Kommission und Zentrale Vorratskommission für mineralische Rohstoffe der Deutschen Demokratischen Republik. Für die kollektive Chefredaktion: Dr. K. KAUTER (Redaktionssekretär), Berlin. Redaktion: Berlin N 4, Invalidenstraße 44. Verlag: Akademie-Verlag GmbH, Berlin W 8, Leipziger Straße 3—4 (Fernsprecher 220441, Telex 011773, Postscheckkonto: Berlin 35021). Bestellnummer des Heftes 1047/7/9. Die „Zeitschrift für angewandte Geologie" erscheint monatlich. Bezugspreis 2,— DM je Heft. — Satz und Druck: Druckhaus „Maxim Gorki", Altenburg. Veröffentlicht unter der Lizenznummer ZLN 5008 des Ministeriums für Kultur. Karten: MdI der DDR, 5497, 6561, 6584, 6717/K 11.